모든 생물의 자유를 선언하다

# 모든 생물의 자유를 선언하다

찰스 다윈 원저 · 박성관 글 · 강전희 그림

너머학교

# 다윈과 21세기의 진화

지난 2009년은 다윈이 탄생한 지 200주년이자 『종의 기원』이 출간된 지 150주년이 되는 해였습니다. 다윈의 진화론이 등장하여 인류의 역사에 새로운 빛을 던진 지 150년이 되는 해였죠. 사람들은 갈릴레이의 지동설과 더불어 다윈의 진화론을 양대 과학 혁명이라 부르곤 합니다. 정치적인 혁명 못지않게 사람들의 생각을 크게 바꾸어 놓았기 때문이죠.

7, 8년 전에 『종의 기원』을 통해 다윈을 알게 된 뒤로 저의 삶도 참 많이 바뀌었습니다. 학교 다닐 때 과학 과목들을 끔찍이도 싫어하던 제가 생물학에 관심을 갖게 된 것만 해도 그렇지요. 또 다양한 생물들의 삶이 궁금해서, 생전 보지도 않던 자연 다큐멘터리를 즐겨 보게

되었답니다. 『종의 기원』과 함께한 몇 년간은 놀라움과 즐거움의 연속이었고 세상을 바라보는 눈도 점차 변해 가는 시간이었습니다.

이즈음 다윈의 이론만이 아니라 성격이나 취미에 대해서도 조금씩 알게 되었습니다. 알면 알수록 저와 닮은 점이 참 많았습니다. 다윈도 어렸을 땐 공부를 싫어하고 뛰어노는 것만 좋아했거든요. 호기심이 많은 것도 비슷했고요. 다만 그는 평생 동안 건강이 좋지 않았습니다. 그러면서도 인류의 역사를 바꿔 놓은 혁명적인 사상을 창안했으니 감탄하지 않을 수 없지요. 그의 이론만이 아니라 그의 삶도 '진화'해 간 것입니다.

『종의 기원』은 인류의 고전이지만 밝고 맑은 얘기만 하는 책이 아닙니다. 오히려 진실을 찾으러 어둠 속으로 대담하게 뛰어든 용기가 빛나는 책입니다. 그러니까 이 책을 읽어 가다가 혹시 세계가 어두운 표정을 짓는다 해도 눈 감지 마세요. 어두운 밤에도 반짝이는 별빛과 시원한 바람이 우리를 인도할 겁니다.

진화는 계획대로 이루어지는 평범한 현상이 아닙니다. 오히려 우연을 통해 상상도 못 했던 멋진 일들이 폭죽처럼 터져서 만들어지는 사건에 가깝습니다. 그것이 다윈이 본 세상이었고, 제가 사랑하는 세상의 모습입니다. 저에게 이렇게 멋진 세계를 알려 준 매력적인 인물을 만나게 된 것은 행복한 우연이라고 해야겠지요. 이 책과 만나기 된 우연을 여러분도 사랑하게 되기를 바랍니다.

21세기에는 또 어떤 신기한 일들이 벌어질까요. 다윈과 함께, 『종의 기원』과 함께 21세기를 상상하며 만들어 갑시다.

1부

# 평범한 일생,
# 비범한 생각

우리의 이야기는 지금으로부터 약 170년 전 작디작은 먼지 속을 들여다보는 한 사람으로부터 시작된다. 그리고 이 책이 끝날 무렵 알게 될 것이다. 그토록 작은 먼지 안에 세상의 가장 큰 비밀이 숨어 있었다는 사실을!

says
critters are a basket
nt in this country is to
"The tradition of wildli
Sea Around Us, stunne
d author of the best-selli
achel Carson, an eloquen
mbat Dutch elm disease
fter shade trees were spr

# 평범한 소년에서
# 어엿한 청년 과학자로

## 세상에서 가장 작은 것

어느 옛날 책에 이르기를 세상에서 가장 큰 것은 그 바깥이 없는 것이고 세상에서 가장 작은 것은 그 속이 없는 것이라 했다. 참으로 재치 있는 생각이 아닐 수 없다.

여러분은 이 두 가지 중 하나라도 머릿속에 떠올릴 수 있겠는가? 아무래도 가장 큰 건 어려울 것이다. 그렇게 큰 걸 우리의 작은 머리 안에 담을 순 없을 테니까. 그럼 가장 작은 쪽은 어떨까? 예컨대 아주 작은 먼지라면 그 안에 아무것도 안 들어 있지 않을까? 우리의 이야기는 지금으로부터 약 170년 전 작디작은 먼지 속을 들여다보는 한 사람으로부터 시작된다. 그리고 이 책이 끝날 무렵 알게 될 것이다. 그토록 작은 먼지 안에 세상의 가장 큰 티밀이 숨어 있었다는 사실을!

공기는 대개 엷게 흐렸다. 손에 집히지 않는 작은 먼지들 때문이다. 이 먼지들 때문에 기상 측정 장치도 약간 손상되었다. 아침에 돛대 끝에 있는 풍향계 날개 그물로 거른 고운 갈색 먼지 한 봉지를 모았다.

에렌베르그 교수는 이 먼지의 대부분이 규질 보호막이 있는 적충류(물방울처럼 생긴 생물)와 식물이라는 것을 알아냈다. 내가 그에게 보낸 다섯 봉지에서도 최소한 67종의 생물체가 확인되었다! 먼지는 갑판을 온통 더럽히고 사람들 눈에 해로울 정도로 많이 떨어진다. 선박들은 먼지에 가려 시야가 나빠지고 좌초하기도 한다. 육지에서 5킬로미터 떨어진 배에서 채집한 먼지 속에 아주 아주 작은 암석 조각이 있는 걸 발견하고 놀랐다. 그러고 보니 가볍고 작은 씨앗들이 멀리까지 퍼져 나간다는 사실에 놀랄 필요가 없었다.


하늘을 이리저리 떠다니는 먼지 속에 그렇게 많은 것들이 들어 있었다. 수많은 벌레, 식물, 씨앗 등 무려 예순일곱 가지나 되는 생물들. 거기에 암석 조각까지 하늘에서 떠다니고 있었다니.

가만! 그건 그렇고, 이런 먼지를 채집하고 심지어 다른 사람들과 교환하기까지 하는 어른이라니, 거참! 아무리 생각해도 먼지만큼이나 신기한 사람일세⋯⋯. 대체 그는 뭐 하는 사람일까? 뱃놀이 다니며 먼지나 수집하는 한심한 사람일 거라고 속단하진 마시라. 이 사람이 바로 약 30년 뒤 『종의 기원』으로 세상을 발칵 뒤집어 놓을 진화론의 대부 찰스 다윈이다.

그도 이 당시에는 자기가 장차 어떤 사람이 될지 전혀 알지 못했다. 집안에서는 할아버지와 아버지의 뒤를 이어 의사가 되길 바랐고, 그 바람이 꺾이자 그럼 목사라도 되어 주었으면 하고 케임브리지 대학 크라이스트 칼리지에 보냈다. 물론 그는 여기서도 자랑스러운 아들이 되지 못했고 스스로도 성이 차지 않았다. 일단 본인 이야기를 좀 들어 보자.

학교에 다니던 시절 나는 눈에 띄는 식물마다 모두 이름을 알아내려고 했으며 조개, 도장, 서명, 동전, 광물질 등 온갖 물건들을 모았다. 흔히 사람을 박물학자나 미술 애호가, 구두쇠로 만들곤 하는 수집에 대한 열정이 그 시절 내게 아주 강했던 것이다.

이렇게 말하니 뭔가 좀 있어 보이지단 아버지의 눈에는 무지하게 한심해 보였다.

너는 신경 쓴다는 일이 사냥하고 강아지 들보고 쥐 잡는 것밖에 없구나. 그래 가지고서야 너는 물론이고 집안 망신시키기밖에 더 하겠니.

190센티미터의 키에 몸무게 152킬로그램인 아버지 입에서 버럭 이런 소리가 터져 나왔을 때 어린 다윈은 얼마나 무서웠을까?

자서전에 보면 이런 일화도 나온다.

나는 어린 시절 재미 삼아 거짓말을 잘 지어내곤 했다. 어느 날, 아버지가 가꾸던 나무에서 아주 귀한 열매를 따 가지고 관목 숲에 숨겨 둔 적이 있다. 그러고는 숨을 헐떡이며 달려가서 신기한 과일을 한 무더기 발견했다고 거짓말을 퍼뜨렸다.

그뿐만이 아니다.

나는 어떤 아이에게 색깔을 넣은 액체를 앵초에 뿌려서 다양한 색깔로 변화시킬 수 있다고 말하기도 했다. 그건 물론 황당하게 지어낸 이야기였으며 실제 해 본 적도 없는 일이었다.

이 작은 사건 이후 다윈은 심한 양심의 가책을 느꼈고, 이 사건은 늘그막에까지 마음속에 강하게 남아 있었다고 한다. 거짓말은 물론 나쁜 짓이다. 하지만 다른 한편으로는 새로운 이야기를 창조해 내는 것이기도 하다. 다윈이 훗날 세상 사람들을 향해 새롭디새로운 이야기, 진화론이라는 거대한 이야기를 들려주게 되는 것도 어린 시절부터 남들이 상상도 하지 못할 일을 생각해 내는 재능(?)을 키워 온 것

**어린 시절의 다윈** 1816년 다윈이 일곱 살 때의 모습이다. 오른쪽은 여동생 캐서린이다.

과 무관하진 않을 것이다.

어쨌든 다윈은 한마디로 개구쟁이에다가 심하게 말하면 거짓말쟁이였고, 장차 어른이 되어서는 잘 풀려야 박물학자나 미술 애호가, 혹 잘 안 풀리면 구두쇠밖에 안 될 떡잎이었던 것이다.

그렇게 평범하던 다윈이 20대 초반을 넘어서며 '비글호'라는 영국 해군 군함에 승선한다. 그리고 먼지를 수집하는 일 따위를 하고 있었다. 뭔가 큰 잘못을 해서 해외 도피라도 하는 걸까, 갑자기 웬 해군 군함? 그리고 먼지에 뭐 볼 게 있다고 관찰씩이나 한 걸까?

**비글호 항해**

19세기 내내 전 세계를 주름잡으며 떵떵거리던 나라 영국. 영국은 1760년대부터 산업 혁명이 일어나 세계 최고의 부자 나라가 되더니, 식민지 또한 수도 없이 많이 개척해서 당시에는 '해가 지지 않는 나라'라고 불렸다.

한마디로 말해 돈 밝히고 다른 나라 짓밟는 덴 선수였다는 얘긴데, 그런 부끄러운 과거사를 오늘날 영국인들은 자랑스러워하고 다른 나라 사람들은 부러워한다. 하긴 오늘날에도 전 세계에서 돈을 가장 많이 벌면서 전쟁을 가장 많이 일으키는 미국을 생각해 보라. 미국인들은 스스로를 자랑스러워하고 다른 나라 사람들은 미국을 선진국이요, 강대국이며, 본받을 만한 나라라고 부러워하는 건 마찬가지 아닌가.

어쨌든 전 세계를 제 땅이라 여기던 나라이다 보니 영국은 세계의 땅과 바다 생김새를 그리는 지도 제작에 열심이었다. 배 타고 다니며 장사하기 위해서도, 또 돈과 진귀한 물건들을 가득 싣고 다니는 자기 나라 선박들을 해적들로부터 지키기 위해서도 정확한 지도는 꼭 필요했다. 영국 해군이 이 일에 앞장을 섰다. 다윈이 탑승한 비글호도 그런 군함 중 하나였다.

한데 해군 병사도 아니고, 지도 그리는 재주도 없었던 다윈이 어떻게 이런 막중한 임무를 띤 비글호에 탈 수 있었을까? 좀 이상하게 들릴지 모르지만 다윈은 기나긴 항해 기간 동안 비글호 함장과 함께 식사하며 대화를 나눌 상대로 선택되었다.

함장은 배에 함께 타고 있는 부하들과 친밀한 대화를 할 수 없었다. 함장은 귀족이고 뱃사람들은 신분이 천한 사람들이었기 때문이다. 비글호 함장 피츠로이는 20대 후반의 팔팔한 젊은이였다. 그런 푸른 청춘이 몇 년 동안 배 위에서 혼자 밥 먹고 혼잣말만 하면서 지내야 한다면 얼마나 괴롭겠는가!

다윈과 같이 신분이 천하지 않고 부유하며 세상 만물에 대한 지식이 풍부한 박물학자라면 지적인 대화도 나누면서 동식물 표본이나 세계 여러 나라에 대한 정보도 많이 주고받을 수 있으니 일석이조였다.

이리하여 다윈은 청운의 꿈을 품고 비글호에 오르게 된다. 물론 대부분의 경비는 스스로 해결해야 했다.

비글호 한 자리 얻어 타는 데 500파운드,
항해 장비 600파운드,
1년 치 식사 비용 50파운드,
조수 봉급, 육지에 상륙했을 때 숙식비,
안내인과 발 등등.

비글호는 남아메리카 쪽 해안선을 정확히 그려 오라는 명령을 받고 2년간 먼바다 항해에 나선다. 얼마나 좋았을까? 멋진 야자나무와 끝없이 펼쳐진 백사장을 감상하며 나라마다 색다른 요리를 맛본다. 신기한 꽃과 나무, 들짐승, 날짐승, 이상하게 생긴 사람들, 밤에는 새까만 밤하늘에 쏟아지는 별들. 간혹 위험하고 어려운 일도 있겠지만 그게 있어야 꿈과 모험과 환상의 여행이지. 영화에서나 볼 수 있는 그런 여행, 딱 한 번만이라도 좋으니 나도 해 봤으면…….

아마도 이런 생각을 할지도 모르지만 이 시절은 지금으로부터 100년하고도 80년 전이다. 오늘날처럼 교통수단이 발달한 것도 아니고, 도처에 갖은 위험들이 도사리고 있던 시기였다. 실제로 원주민이나 야생 동물들의 습격으로 선원들이 목숨을 빼앗기는 일도 자주 있었다.

비글호에 오른 다윈은 여러 가지 일을 겪었다. 예기치 못한 곳에서 화산이 폭발하고 지진도 일어났다. 어떤 곳에서는 얼굴에 무서운 문신을 한 원주민과 마주치기도 했고, 때로는 혁명군에게 붙들렸다가 몰래 도망치기도 했다. 어마어마한 파도, 피를 빨아 먹는 벌레들에 시달리기도 했다. 배에서 낚시를 하다가 바다로 떨어져 죽은 선원들도 있었고, 바다 생활을 견디다 못해 도망치는 선원들도 있었다.

엎친 데 덮친 격으로 항해 기간은 2년에서 5년으로 늘어났다. 안락한 고향 집을 얼마나 애타게 그리워했던가! 고향이 그리워 몸이 시름시름 아파 오는 향수병에 시달리기도 했다. 다섯 해 동안 배 위에서 비글호 선원들이 겪었던

**비글호를 그린 그림** 비글호 항해 기간 중 티에라델푸에고에서의 모습이다. 그곳 원주민들이 비글호를 향해 신호를 보내고 있다.

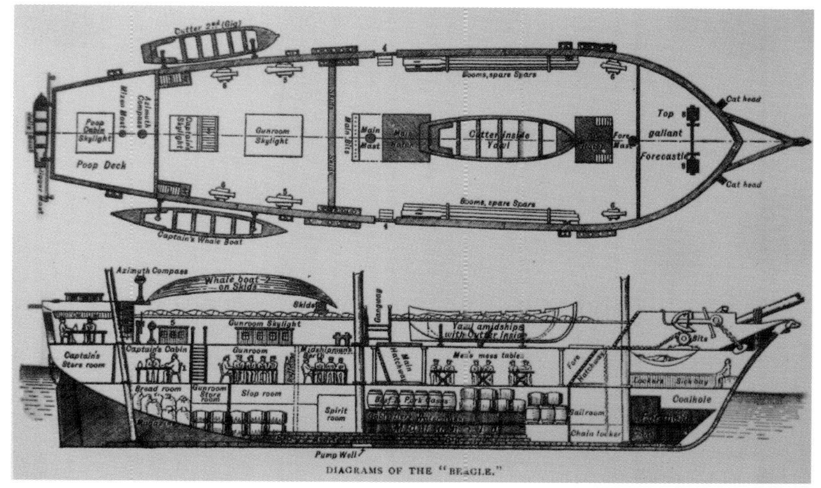


**비글호의 내부 구조** 위에서 본 모양(위)과 옆에서 본 모양(아래)이다. 너비 7.3미터, 길이 27.5미터의 비글호는 선원과 짐으로 꽉 차 있었다. (아래 그림에서 가운데 층이 선실, 맨 아래가 화물실이다.) 다윈은 5년 동안 배 뒤쪽에 있는 선장실(아래 그림의 맨 왼쪽 위) 탁자 위에 매단 해먹에서 잠을 잤다.

고통과 외로움과 시련은 이만저만이 아니었다. 귀국이 가까워 오던 어느 날 다윈이 토해 낸 푸념을 보라.

나는 바다가 싫다. 바다에서 항해하는 배들 그림자만 봐도 싫다.

얼마나 짜증 나고 골치 아픈 일들이 많았던지 "별일 없이 단 하루라도 조용히 지나가면 안 된단 말인가?"라고 탄식하기도 했다. 그래도 탄식에 그쳤다면 다행이었다. 비글호의 전임 함장은 고향을 떠난

지 3년 만에 신경쇠약증으로 권총으로 자살했고, 다윈과 함께 비글호를 탄 피츠로이도 훗날 자살로 삶을 마친다.(으스스한 이 얘기는 책의 뒷부분에 슬쩍 끼워 놓았으니 깜짝 놀라시기 바란다.) 비글호 항해는 한마디로 '죽거나 혹은 나쁘거나'였다.

물론 다윈이 이런 고생만 한 건 아니었다. 남십자성을 비롯해, 마젤란 성운과 남반구의 여러 별자리들, 퍼붓는 비, 바다에 빙벽처럼 우뚝 서 있는 푸른 빙하, 산호초를 만드는 산호들의 섬, 활화산 등 신기한 것도 많이 보았다.

한없이 행복해 보이는 타히티 섬 사람들도 보았고 유럽의 문명이 쓸고 간 뒤에 남은 원주민들의 시체와 폐허도 목격했다. 청년 다윈은 이런 모든 일을 겪으면서도 이 책의 주인공답게 차근차근 자신의 미래를 조각해 갔다. 훗날 다윈은 이 시절을 이렇게 회상한다.

비글호 항해는 내 삶에서 아주 중요한 사건이었으며, 이때 나는 나의 진로를 결정하였다. 나는 이 항해를 통해 박물학 분야에 큰 관심을 갖게 되었고 관찰 능력 또한 더욱 향상되었다.

숱한 고생을 겪은 사람치곤 퍽 담담한 평가다. 다윈 자신도 이 이후 자신의 삶이 어떻게 급변할지, 자신이 얼마나 위대한 업적을 남기고 세상을 놀라게 할지 당시에는 전혀 알지 못했던 것이다.

그러면 다윈이 위대한 학자가 되어 이 책의 주인공까지 된 것은 순전히 우연일까? 물론 그렇지 않다. 자연을 보며 경탄하고 감동하고 경이로움을 느낄 줄 아는 다윈의 가슴은 그 누구보다도 뜨겁고 강렬했다. 이 여행에서 경험한 것을 기록한 책, 『비글호 항해기』에는 겉으로 보이는 평범한 모습 사이로 언뜻언뜻 비범함이 보인다.

그늘진 길을 따라 조용히 걸으면서 색색으로 달라지는 풍경에 나는 탄복하였다. 그 느낌을 표현할 단어를 찾고 싶어 여러 가지 형용사를 떠올려 봤지만 너무 약했다. 내 가슴을 그토록 방망이질 치게 했던 놀라운 기쁨을 이 열대 지방에 와 보지 못한 사람에게 어떻게 전달할 수 있을까. 세상 어디에서도 다시 볼 수 없는 풍경이리라. 혹여 다른 행성에나 가면 있을까. 유럽 인들이여, 우리 고향에서 얼마 떨어지지 않은 곳에 이런 놀라운 세계가 펼쳐져 있다오.

또한 대단히 낭만적이고 야생적인 표현도 해 놓았다.

하늘을 지붕 삼아, 땅을 식탁 삼아 야외에서 생활하는 기쁨. 그것은 야성적인 본래의 습관으로 돌아가는 것이다. 문명의 발길이 거의 닿지 못한 이 땅에서 처음 숨을 들이마셨을 때 타오르는 행복감을 경험하지 않을 자 그 누구이겠는가!

비록 힘들고 고통스러웠던 항해였지단 이런 기쁨과 흥분이 있었기 때문에 살아남을 수 있었으리라. 다윈은 죽기 몇 년 전, 자서전에 이렇게 썼다.

지금 내 마음속에 가장 생생하게 떠오르는 장면을 하나 꼽으라면 나는 열대 야생 식물들의 대향연을 들겠다. 파타고니아의 거대한 사막과 티에라델푸에고의 숲으로 뒤덮인 산. 그때 내가 받은 숭고한 인상은 이날 이때까지 지워지지 않고 내 가슴에 생생히 남아 있다.

그럼 다윈은 자연으로부터 풍요로움과 '타오르는 행복감'만을 맛보았을까? 물론 그렇지는 않았다.

가장 장엄한 것은 인간의 손에 훼손되지 않은 원시림이었다. 브라질의 원시림은 생명력이 지배하고 있었고 티에라델푸에고의 원시림은 죽음과 부패가 지배했다. 그 쓸쓸한 곳에서 태연하게 서 있을 수 있는 사람은 아무도 없다. 인간에게는 단순히 숨 쉬는 것 이상의 무엇이 있다는 느낌이 들지 않을 수 없으므로.

다윈은 한쪽 눈으로 원시림의 왕성한 생명력을 좇으면서 다른 쪽 눈으로는 죽음과 부패의 원시림을 놓치지 않았다. 완전히 반대되는 두 가지 감정을 모두 품을 수 있을 만큼 다윈의 가슴은 넓고 깊었다.

정력적인 20대 시절이 꿈처럼 흘러가고 인생의 새로운 시기가 멀리서 다가오고 있었다. 조그만 시골의 목사가 되어 한가롭게 살아갈 것만 같았던 스물두 살의 다윈. 5년의 세월은 그의 얼굴에 거친 바닷바람의 흔적과 함께 알 듯 모를 듯 한 어떤 깊이를 새겨 놓았다.


**젊은 날의 생활과 결혼**

비글호에서 돌아온 다윈은 2, 3년 동안 자기 인생에서 가장 활동적인 시기를 보낸다. 바쁜 항해 기간 중에도 틈틈이 고국에 훌륭한 표본과 보고서를 보냄으로써 이미 어엿한 학자로 인정받고 있었기 때문에 할 일이 한두 가지가 아니었던 것이다.

돌아오자마자 여행길에서 가져온 갖가지 광물질과 진귀한 화석 및 생물 표본들을 정리했다. 그때그때 써 두었던 일기와 관찰기도 신속하게 정리하였다.

이렇게 해서 서른 살이던 1839년에 처음으로 펴낸 책이 바로 『비글호 항해기』였다. 미국에선 모스가 유선 전신기를 발명하고 조선에선 순조가 죽고 헌종이 등극하던 시기. 또한 김대건 신부가 한강 새남터에서 순교하며 세상에서 사라져 간 그 시기에 머나먼 영국에서는 젊은 과학자 한 명이 당당하게 등장하고 있었다.

그런데 이 시기 다윈에겐 또 한 가지 잊을 수 없는 '사건'이 일어났

**표본 상자** 당시 박물학자들은 이런 표본 상자에 채집 표본을 모아 두었다.

다. 『비글호 항해기』가 출간되기 한 해 전에 맬서스라는 목사가 지은 『인구론』을 읽은 것이다. 이 책은 당시 매우 심각해진 인구 문제를 다룸으로써 크게 인기를 모은 책이었다.

책에는 사람들이 계속 아이들을 많이 낳으면 인구가 너무 많아질 것이고, 그러면 인간 사회는 야만적인 동물의 왕국이 될 것이라는 어두운 내용이 들어 있었다. 다윈이 책 한 권 읽은 게 왜 훗날 큰 사건이 되는지는 차차 얘기하기로 하자. 일단 여기서는 다윈이 과학 책만 읽고 실험과 관찰만 하는 재미없는 과학자가 아니었다는 것만 기억해 두자.

비글호를 타고 항해하던 그 바쁜 시기에도 밀턴의 『실낙원』에 열광하며 수도 없이 반복해 읽었고, 『소요(逍遙)』를 비롯하여 윌리엄 워

즈워스의 시에 흠뻑 빠지기도 했다. 인구 문제를 다룬 책에서부터 오래된 고전과 당대의 시, 소설에 이르기까지, 다윈의 독서는 실로 폭넓고 다양했다. 그랬기 때문에 그는 단순히 한 명의 과학자에 그치지 않고 인류 역사 전체를 뒤흔드는 사상가가 될 수 있었을 것이다.

다윈도 결혼을 했을까?

물론이다. 서른 살에 결혼해 열 명의 아이를 낳았다. 그중 셋째 메어리는 태어나서 얼마 되지 않아 바로 죽고, 막내 찰스는 세 살 때 메어리의 뒤를 따라갔다. 많이 태어나고 많이 죽는 것이 자연스러웠던 그런 시대였다.

그래서 자녀들의 죽음을 포함하더라도 다윈의 가정생활에 눈에 띌 만한 특별한 사건은 없는 편이었다. 그저 자상한 아버지이자 성실한 남편으로 평생을 평범하고도 행복하게 살았다. 다윈의 말을 직접 들어 보자.

내 가정생활은 정말 행복했다. 어머니의 사랑은 또 얼마나 크고 깊었던지. 게다가 아내는 내게 어머니와도 같은 커다란 축복이었고, 살아 있는 동안 단 한 번도 내게 서운한 말을 한 적이 없었다. 아내가 없었다면 내 인생은 오랜 투병으로 인해 비참했을 것이다. 애들도 건강 문제 말고는 속 썩인 적이 전혀 없었다.

엠마 웨지우드의 초상화 부인 엠마 웨지우드 (1808~1896)는 다윈을 신뢰하고 지지해 준 평생의 동반자였다.

아버지에 대해서도 언제나 자상하고도 뛰어난 분으로 기억하곤 했다. 다윈의 행복한 가정 풍경은 대체로 사실이었겠지만 매사를 긍정적으로 보는 다윈의 성격도 크게 작용했으리라. 더구나 다윈은 좋지 않은 얘기를 입 밖에 내거나 글로 표현하느니 차라리 속으로 삭이는 사람이었다.

다윈이 결혼 상대로 생각하고 있던 여인은 사촌인 엠마 웨지우드였는데, 도자기로 유명한 웨지우드 가문 출신이었다. 신앙심 깊고 다윈을 아주 많이 사랑하며 자녀에게 자상한 엄마, 그녀는 한마디로 당시의 모든 남성들이 바라는 현모양처였다.

다윈은 평범했지만 나름대로 재미있는 사람이었다. 그가 젊은 시절에 결혼을 할까 말까 고민하며 남긴 메모를 보자.

아이들이 없으면 제2의 인생도,
노년에 돌봐 줄 사람도 없지.
하지만 원하는 곳 어디든 갈 수 있는 자유가 있고,
친척을 방문하지 않아도 되고,
아이들에게 들어갈 돈도 안 들고, 아이들 때문에
걱정할 일도, 싸울 일도 없다.

아이들이 많으면 시간도 빼앗기고, 책도 못 보고, 살도 찌고,
게을러지고, 가족들에 대한 걱정과 책임감은 또 얼마나
무거울까. 물론 책 사 볼 돈도 줄어들겠지.
안 돼. 정말 안 돼. 하긴 결혼을 안 하면 일을
너무 많이 해서 건강이 나빠질 수는 있겠군.

오! 하나님.
인생을 온통 일벌처럼 오로지 일,
일에만 매달릴 뿐 그 밖에는
아무것도 하지 않는 인생은
생각만 해도 끔찍합니다.
안 돼. 안 되고말고. 결코 그럴 순 없지.

하루 종일 런던의 지저분한 건물에 갇혀
고독하게 지내는 모습을 상상해 봐.
그에 비해 상냥한 아내와 벽난로 옆의 소파에 앉아
책과 음악을 즐기는 그림을 그려 보라.
게다가 친구처럼 가까이 지낼 사랑스러운 아이들도 없이
일만 많이 하면 뭐 하나.
결혼, 결혼, 결혼을 하자. 증명 끝.

꽤나 부유한 아버지를 두었기 때문에 다윈은 평생 돈 걱정을 할 필요가 없었다. 그러나 이런 다윈에게도 어려움이 없었던 건 물론 아니다. 진실의 횃불 하나만 들고 시대의 어두운 길을 가는 동안 그는 수많은 적들과 싸워야 했다. 그중에서도 그를 가장 괴롭힌 적이 안팎으로 하나씩 있었다.

먼저 다윈 내부의 적이 있었으니 그건 지독하게 나쁜 건강이었다. 그는 가슴이 두근거리고 머리가 깨질 듯이 아픈 이상한 병에 평생 시달려야 했다. 아버지가 돌아가셨을 때 장례식에도 참석하지 못했으니 더 말해 무엇하겠는가.

팔팔하던 젊은 시절을 빼놓고는 병을 달고 살았다. 부인이 정성껏 간호해 주고 따뜻하게 위로를 해 주지 않았더라면 어떻게 됐을까? 다윈은 위대한 과학자는커녕 마흔 살도 못 되어 죽어 버렸을지도 모른다. 몸이 많이 아플 때는 글도 직접 쓰지 못했다. 누워서 간신히 말을 하면 부인 엠마가 받아 적는 식으로 책을 쓰기도 했다. 다윈의 많은 책들은 이런 의미에서 부인과의 공동 저작이라고 불러야 한다.

이 책을 읽는 독자들 중에 몸이 안 좋은 사람이 있다면 다윈의 삶을 보며 희망과 용기를 갖자.

**다윈의 동상** 영국 런던 자연사박물관에 있는 다윈의 동상이다.

그렇게 건강이 나빴어도 다윈은 일흔세 살까지 살았고 수백 쪽이 넘는 책도 약 스무 권이나 써냈다. 그리고 부인을 평생 사랑했고 감사하는 마음을 잊은 적이 없었다. 다윈의 책을 읽을 때에는 언제나 그의 부인도 함께 떠올려 주시길. 다윈의 생애 못지않게 부인의 생애 또한 위대했다.

그런데 나쁜 건강보다 다윈을 더 힘들게 한 괴물이 바깥에 버티고 있었다. 2천 년 가까이 서양인들의 삶과 생각을 지배해 온 괴물, 그것의 이름은 바로 '창조론'이었다.

어떻게 보면 다윈의 일생은 창조론이라는 괴물과의 기나긴 투쟁이라고도 할 수 있다. 이 대결에서 다윈은 창조론의 급소를 깊숙이 찔렀고 창조론은 피를 토하며 비틀거렸다. 하지만 다들 알다시피 창조론은 오늘날까지도 끈질기게 살아남아 있다. 심지어 어떤 나라에서는 학교에서 창조론도 함께 가르쳐야 한다는 주장까지 하고 있다. 창조론은 그만큼 강력하고도 목숨이 질겼다.

다윈이 진화론을 정립한 것은 위대한 일이다. 하지만 창조론이라는 거대한 적을 무찌르고 이룩한 것이기 때문에 열 배는 더 위대하다. 이제 역사상 최고의 괴물, 창조론과 만나 보자. 먼저 꼬리부터 잡고 더듬어 가다 보면 창조론의 머리를 향해 검을 휘두르는 다윈의 모습이 보이기 시작할 것이다.

창조론은 무조건 나쁘고 진화론은 무조건 좋다는 얘기가 아니다.

다윈이 살던 시대의 창조론은 진화론을 억압하고 과학적인 토론을 거부했기 때문에 나쁜 괴물이라는 얘기다.

오늘날에는 창조론자들과 진화론자들이 마음을 열고 학문적인 토론을 하는 경우도 종종 볼 수 있다. 그것이 선의의 경쟁이고 서로 성숙해질 수 있는 길이다. 당신이 창조론자냐 진화론자냐는 중요하지 않다. 상대방에 대해 마음을 활짝 열기만 하면 된다.

자! 마음을 열자. 그리고 계속 가자.

# 다윈이 살던 세계

## 창조론 대 진화론

오늘날 상식을 가진 사람이라면 대체로 진화론자다. 성경을 굳게 믿는 소수의 기독교 신자들만이 창조론을 믿는다. 이들은 평일 학교에선 과학을 배우고 주일 교회에선 성경을 읽는다. 과학책에는 진화론이 들어 있고 성경에는 창조론이 들어 있다. 그러니까 평일이냐 주일이냐에 따라 생각을 바꾸지 않으면 사회생활이 괴롭다.

다윈이 태어나던 시절 서유럽은 이와 정반대였다. 교회의 신부님이나 목사님을 비롯하여 상식을 가진 브통 사람들이 대부분 창조론을 믿었다. 그러므로 진화론자들은 다른 사람과 있을 때면 자기 양심을 속이고 창조론을 믿는 척했다. 그렇지 않으면 사회생활이 매우 힘들었기 때문이다.

어느 날 갑자기 다윈이 나타나 진화론을 주장한 것은 아니다. 진화론은 멀고 먼 고대부터 존재했지만 기독교의 위세에 눌려 바짝 엎드리고 있었을 뿐이다. 이런 상황은 18세기 후반부터 서서히 바뀌기 시작했다. 1731년에 태어난 다윈의 할아버지도 동물이 진화한다는 책을 써냈다. 다윈이 태어난 1809년에는 진화론자 라마르크가 『동물학』을 발표했다.

그렇지만 창조론은 그 정도 공격에는 끄덕도 하지 않았다. 도리어 그 책들 중에서 이것저것 꼬투리를 잡아 진화론을 더욱 심하게 공격했다. 지금으로부터 약 150년 전 『종의 기원』이 출간되면서 비로소 상황이 역전되었다. 그 뒤로 진화론이 완전한 승리를 거두기까지는 100여 년의 시간이 더 필요했고, 이 기간 동안 창조론과 진화론은 일진일퇴를 반복하며 극적인 순간들을 만들어 냈다. 그 기나긴 드라마의 1막은 지구의 나이에 대한 논란으로 시작된다.


현대 과학에서는 지구가 약 46억 년 전에 태어났으며 우주는 한 150억 년 전쯤에 생겨났다고 추정한다. 하지만 다윈이 살던 시대에 이런 얘기를 했다면 미친 사람이나 마녀로 몰려 심한 곤욕을 치렀을 것이다. 그럼 그땐 지구가 몇 살이라고 생각했을까? 놀라지 마시라. 겨우 6천 살이었다. 왜 6천 살이라고 생각했을까?

구약 성경에는 이스라엘 민족의 조상들이 나오는데 그들이 언제 태어나 몇 살에 죽었는지가 자세히 적혀 있다. 그걸 곧이곧대로 믿은 당시 사람들이 그 숫자들을 모두 조사하여 더해 보았다. 그랬더니 하나님이 세상을 만드시는 데 들어간 일주일을 포함해서 전부 6천 년이었다.

믿거나 말거나!

그렇다면 여기서 퀴즈 하나. 하나님이 세상 창조를 시작하신 날은 무슨 요일이었을까?


정답을 알려 드릴 테니 맞았는지 확인해 보시길. 하나님께서 천지를 창조하기 시작하신 날은 월요일이다 그걸 어떻게 아느냐고? 성경에 따르면 하나님께서는 세상을 창조하신 지 7일째 되던 날 쉬셨다. 기독교인들이 일주일의 일곱째 날인 일요일을 안식일(편안히 휴식하는 날이라는 뜻)이라 부르며 예배를 드리는 것도 이 때문이다. 그러니까 창조 첫째 날은 월요일이다. 이것은 당시 킹제임스 성경 창세기의 옆쪽 여백에 엄숙히 적혀 ‘거룩한 사실’로 받아들여지고 있었다.

심지어 17세기에 어떤 주교는 동료 성직자들과 공동으로 연구하여 하나님이 이 세상을 기원전 4004년 10월 22일 오전 9시에 창조하셨다고 주장하기까지 했다.

물론 이것도 믿거나 말거나다!

그러므로 진화론자들이 맨 먼저 극복해야 할 부분은 바로 지구의 나이였다. 성서를 토대로 한 지구의 나이는 진화를 주장하기에는 턱없이 짧았으니까 답답할 수밖에. 진화를 주장하려면 최소한 수억에서 수십억의 시간이 필요한데, 교회에서는 고작 6천 년으로 못을 박아 놓았으니 말이다.

이 시기에는 아직 지구의 나이를 정확하게 측정할 만한 도구가 없었기에 성경의 내용을 뒤집기란 쉽지 않았다.


지구의 나이만 문제가 아니었다. 옛날 사람들이 볼 때 이 세상에는 너무나 정교하고 복잡한 질서가 있었다. 그래서 신이 우주와 지구를 자신의 섭리에 따라 창조해서 운영하고 계신다는 믿음이 널리 퍼져 있었다.

19세기 초 영국의 성직자 페일리도 그렇게 생각했다. 그는 『자연신학』이라는 책에서 이런 얘기를 한다. 만일 누군가 들판을 걷다가 돌부리에 걸려 넘어질 뻔했다고 하자. 그 사람은 어떻게 해서 그 돌이 거기에 있게 되었을까 생각해 본다. 이리저리 머리를 굴려 본 끝에 결론을 내린다. 그 돌은 태초부터 존재했었고 그래서 오늘날에도 거기에 있는 것이라고.

그런데 그의 발에 차인 것이 돌이 아니라 시계라면 어떨까. 복잡한 내부 구조와 시침과 분침이 규칙적으로 시간을 표시해 주는 시계. 이런 시계는 돌멩이처럼 태초부터 존재했을 리가 없다. 이런 물건은 시간을 정확히 알기 위해(목적) 누군가(제작자)가 특별한 방식으로(방법) 제작했음에 틀림없다. 금속들이 우연히 모여서 '뾰로롱!' 하고 시계가 될 수는 없는 노릇이다. 시계 속을 들여다본 사람이라면 누구나

이렇게 생각할 것이다.

이제 규모를 우주와 지구 전체로 확장하여, 지구와 수많은 별과 달과 태양이 서로 부딪치지 않고 조화롭게 떠다니는 걸 생각해 보자. 만일 궤도가 어긋나 별이 지구와 충돌한다면 어떻게 될까. 생각만 해도 무시무시하다! 이 세상에 정교한 질서가 있음을 감사해야 한다.

낮이 가면 밤이 오고 밤이 가면 또 낮이 오는 것도 놀라운 질서다. 만일 낮만 계속된다면 모든 생명체는 말라 죽을 테고 밤만 계속된다면 모두 얼어 죽지 않겠는가! 낮이든 밤이든 모든 존재는 다 이유가 있는 법이다.

물고기의 눈이 육상 동물의 눈보다 둥근 것도 의미가 있다. 물속에선 빛이 구부러지니까 사물을 정확히 보려면 눈이 둥그레야 하지 않겠는가. 무의미해 보이는 이상한 특징들도 다 의미가 있었구나!

페일리는 빛에 무게가 없도록 창조하신 하나님께 감사드리자고도 했다. 만일 빛에 무게가 있다면 집 바깥으로 한 발짝도 나갈 수가 없다. 우박처럼 쏟아지는 빛 알갱이들에 맞아 죽을 테니까.

넓디넓은 우주 공간에서부터 작디작은 빛 알갱이까지, 세상에는 정교한 질서가 있고 모든 생명체에는 이유와 의미가 있다. 이토록 정교한 질서가 모두 우연히 생겨났겠는가. 한마디로 이 세상과 생명체들은 신(제작자)께서 자신의 영광을 드러내기 위해(목적) 자신의 섭리대로(방법) 창조하신 것이다. 이것이 페일리의 창조론이었다.

오늘날에도 이와 비슷한 얘기가 있는데 들어 보셨는지? 콧구멍이 아래로 뚫려 있어서 비가 와도 코로 물이 안 들어온다든가, 속눈썹이 있어서 눈으로 먼지가 잘 안 들어온다든가, 이게 다 신이 우리를 위해 설계해 주신 덕분이라는 식의 이야기들.

이처럼 창조론은 다양한 자연현상을 아주 그럴듯하게 설명해 주었다. 그리고 창조론이 주장하는 것처럼 이 세상에 거대한 질서가 있다면 불안해할 필요 없이 살아갈 수 있었다. 또 신이 창조한 세계 속에서는 모든 존재가 의미가 있다고 했으니까 신분이 낮은 사람들도 비관하지 않고 열심히 살아갈 수 있었다. 이런 이유들 때문에 많은 사람이 그토록 오랫동안 창조론을 믿고 따랐던 것이다. 하지만 세상에 커다란 변화가 생기면서 창조론은 위기에 빠지게 된다. 창조론으로는 설명할 수 없는 일들이 생기기 시작한 것이다.

## 새로운 생물(?)의 등장

세계의 변화는 우선 산업 혁명에서부터 시작되었다. 영국에서는 1760년대 이후 공업이 엄청나게 발전하면서 사회 전체도 크게 변화한다. 와트의 증기 기관, 하그리브스의 제니 방적기, 아크라이트의 수력 방적기, 크럼프턴의 뮬 방적기 등이 쏟아져 나왔던 게 죄다 이때다. 말 그대로 산업에 '혁명'이 일어난 것이다.

산업이 혁명적으로 발전하며 각종 기계들이 쏟아져 나오자 그 기계들의 연료인 석탄이 많이 필요해졌다. 그리고 석탄을 많이 캐자니 어떤 종류의 땅에 좋은 석탄이 많이 매장되어 있는지 정확히 알아야 했다. 또한 파 들어갈 땅속에 거대한 암반 같은 장애물은 혹시 없는지 미리 알 필요가 있었다.

한편 상품들을 쌩쌩 실어 나르기 위해 수로 공사도 활발해졌다. 최대한 빨리 수로를 많이 파야 했다. 이런 여러 가지 이유로 당시 사람들에게는 땅속의 구조와 매장된 석탄량을 조사하는 학문이 꼭 필요했다. 이리하여 지질학이 탄생하였고 그 덕분에 산업은 더욱 빠르게 발전하였다.


지질학이 급속도로 발달하고 땅속을 여기저기 파내다 보니 땅속에 묻혀 있던 이상한 돌들이 마구 튀어나왔다(처음엔 이게 화석일 거라고는 생각지도 못했다). 사람들은 돌에 새겨진 기괴하고 멋진 무늬를 보며 경탄하지 않을 수 없었다. 신사들은 고상한 취미나 되는 것처럼, 기묘한 돌들을 부지런히 수집했다.

아주 이상한 것들이 많았는데 그중에는 생물의 모습과 닮은 것도 있었다. 사람들은 돌 속에 왜 그런 신기한 무늬가 들어 있는지 이해할 수 없었다. 그저 하나님께서 하찮은 돌에도 멋진 무늬를 새겨 놓으셨다고 믿어 버렸다. "하나님은 미술도 잘하시는 분인가 보네!" 하고 여겼던 것이다.

**시조새의 화석** 약 1억 4천만 년 전에 생존했던 시조새의 화석으로, 독일 바이에른 주에서 발굴되었다.

생물체의 뼈임에 틀림없는 것들도 있었다. 그걸 주운 사람들은 그냥 오래전에 죽은 생물들의 뼈일 거라고 추측했다. 만일 한 번도 본 적이 없는 생물의 모습이라면 하나님의 미술 작품이라고 생각하였다. 좀 이상하다 싶기도 했지만 달리 생각할 길이 없었다.

극소수의 사람들은 지구상에 살던 어떤 생물 종이 멸종해 버린 흔적이 아닐까 생각해 보기도 했다. 하지단 대부분은 그런 의심을 말도 안 되는 소리라고 비난했다.

성경에 따르면 이 세상 모든 생물들은 하나님께서 손수 창조하셨다. 그런데 그중 몇 종류가 자손도 남기지 못한 채 지구상에서 아예 사라져 버렸다고? 그렇게 멸종할 생물을 하나님께서 왜 창조하셨겠는가? 하나님이 완전하지 못한 분이란 말인가? 아니면 전지전능한 하나님이 멸종할 걸 미리 아시고도 창조했다는 건데, 그건 더 이상했다.

그러니 오래된 돌 안에 멸종한 생물체가 들어 있다고 생각하기는 곤란했다. 우연히 생물체의 모습을 띠게 되었거나 아니면 정말로 하나님의 미술 작품이라고 생각할 수밖에 없었다. 지질학이 발전하기 전에는 화석이 얼마 없었기 때문에 그렇게 생각해도 별 문제가 없었다. 그러나 지질학이 급속히 발전하면서 이상한 화석들이 마구 쏟아져 나왔다. 창조론이 다 설명해 내기에는 화석이 너무 많았고 그 모습 또한 너무 이상했다.

게다가 이런 일이 유럽에만 국한된 것도 아니었다. 유럽 바깥의 세계에서도 기이하고 새로운 생물들이 대량으로 발견되었다.


1492년, 이탈리아의 콜럼버스가 아메리카 대륙에 닿은 이래 서유럽 사람들은 세계 여기저기를 탐험하는 데 재미를 붙였다. 증기선 등 교통수단이 발달하면서 더 빨리 더 다양한 곳에 갈 수 있게 되자 새로운 세계에 대한 정보가 마구 쏟아져 들어왔다. 그곳에 사는 생물들의 표본도 속속 유럽으로 들어왔다. 다윈이 5년간 타고 다녔던 비글호를 기억하시는가? 그때 해군 본부는 비글호 선원들에게 이렇게 지시했다.

자연학의 대상이 되는 새롭고 진귀한 것을 수집하고 보존하라.
각 함선마다 수집물을 최대한 많이 가져올 수 있도록 온 힘을 다
해 노력하라.


비글호는 그 지시를 충실히 수행하였다. 당시 다른 배들도 동식물 표본을 수집하러 세계를 누볐다. 그렇게 해서 유럽에 도착한 생물들은 유럽 인들을 당혹스럽게 만들었다. 표본 중에 처음 보는 괴상한 동식물들이 한둘이 아니었던 것이다. 초기어는 그저 신기할 뿐이었지만 점점 심각한 문제가 되기 시작했다. 그것은 린네의 분류표 때문이었다.

여러분도 잘 아는 18세기의 위대한 분류학자 린네는 모든 동식물에게 과학적인 이름을 지어 주었다. 그런데 희한하게도 이게 사람이 이름을 부르는 것과 비슷하다. 우리 이름에도 김씨나 박씨처럼 성이 먼저 나오고 그다음에 이름이 나오지 않는가. 린네의 분류법에 따르면 인간은 '호모 사피엔스'이고, 개나리는 '포르시티아 코리아나'이다. 이때 호모는 속명(屬名) 즉 속 이름이고, 사피엔스는 종명(種名) 즉 종 이름이다. 린네는 이 방법을 써서 모든 동식물을 체계적으로 분류했다.

당시 사람들은 성경에서 세상 모든 생물에게 이름을 지어 준 아담을 떠올리며 린네를 제2의 아담이라 칭송했다. 제2의 아담은 이러한 분류 체계를 이용하여 방대한 분량의 『자연의 체계』를 써냈다.

**린네의 초상**

카를 폰 린네(1707~1778)는 스웨덴
의 식물학자이다. 식물의 분류법을 제
안한 후 동식물 모두에 적용되는 분
류법으로 정비하여 근대적 생물학의
토대를 세웠다고 평가받는다.

　『자연의 체계』는 계속 분량이 늘어나서 1788년에는 6천 쪽이 넘는
열두 권의 대작이 되었다. 여기에는 동물과 식물은 물론 광물까지 총
망라되었다. 이렇게 모든 동식물과 광물을 분류하고 보니 그게 들쭉
날쭉하고 우연한 모습이 아니라 아주 정교하고도 질서 있는 체계가
되었다.

　세계를 이토록 조화롭게 만들 수 있는 존재는 대단히 머리가 좋고
솜씨가 완벽해야 할 테니 그럴 수 있는 존재는 신밖에 없었다. 린네
의 분류표를 보고 사람들은 더욱 확신하게 되었다, 우리가 살고 있는
이곳은 우연하고 무의미한 황야가 아니라 하나님이 질서 있게 창조

하신 안전한 세계라는 것을.

　이런 위대한 질서의 세계가 바야흐로 위기에 처하게 된 것이다. 세계 도처에서 배달되어 오는 동식물 표본과 화석들을 보니 린네의 분류표에 들어 있지 않은 게 한둘이 아니었다. 그들을 분류표 어디에 끼워 넣어야 좋을지 알 수 없었다.

　린네의 분류표는 그 이전에도 문제가 많았다. 땅속에서 이상한 생

물들의 화석이 발견되었다는 거, 기억하시는가. 학자들은 그 생물들을 분류표 여기저기에 끼워 넣어 이미 약간 지저분해진 상태였다. 그런데 유럽 바깥에서 생전 처음 보는 생물들이 밀려든 것이다.

새로운 생물들을 이리저리 끼워 넣다 보니 린네의 분류표는 더욱 뒤죽박죽이 되어 갔다. 사람들은 신이 창조한 생물들의 구조와 숫자가 완벽하다던 린네의 주장을 의심하기 시작했다. 한때 하나님의 영광의 증거였던 린네의 분류표. 하지만 이제는 하나님이 형편없는 설계자요, 창조한 생명을 무책임하게 방치하는 어버이임을 증명하는 것이 되어 버렸다.

유럽에서 흔히 보던 생물과 비슷하면서도 어딘가 다른 생물들도 많이 들어왔다. 그러다 보니 생물들의 모습은 영원불변하는 게 아니라 자연환경에 따라 조금씩 변하는 게 아닐까 하는 의구심이 점점 확산되었다. 린네의 분류표만이 아니라 창조론 자체에 대해 의심하는 사람들도 자꾸만 늘어 갔다. 아울러 지질학자들이 드러낸 여러 지층들은 지구의 역사가 엄청나게 장구한 것임을 엄숙히 웅변하였다. 이제 그 누구도 지구의 나이가 6천 살 운운하는 얘기를 입에 올릴 수 없게 되었다.


당시 대유행했던 원예와 사육도 이에 가세하였다. 솜씨 있는 사람들은 조금만 신경 쓰면 원래의 품종을 변화시켜 원하는 품종을 얻을 수 있었기 때문이다.

다윈은 "동물이든 식물이든 암수를 잘 골라내서 교배시키면 가축의 특징을 변경시킬 수 있으며 완전히 다른 가축으로 만들어 버릴 수도 있다. 이것은 마치 벽에 자기가 원하는 생물을 그려 놓은 다음 거기에 생명을 불어넣는 것과 같다."라고 말할 정도였다.

당시 비둘기를 기르던 어느 육종 전문가는 "어떤 날개도 3년만 있으면 만들어 낼 수 있다. 머리와 부리는 6년이면 된다."라고 자랑했다고 한다.

얼마나 놀라운 발언인가. 그런데 당시에는 이런 일을 매일 어디서나 볼 수 있었다. 좀 과장해서 말하자면 그때 서유럽에서는 새로운 종들이 날마다 창조되고 있었다.

땅속에선 멸종된 생물들이 화석에 실려 올라왔고 유럽 바깥에선 생전 처음 보는 생물들이 배에 실려 왔다. 그리고 영국 여기저기에선 날마다 새로운 품종들이 만들어지고 있었다. 이런 변화들은 한결같이 창조론을 의심하게 만들었다.


불안에 떨며 전전긍긍하던 유럽의 기독교 신자들 앞에 새로운 창조론이 등장한다. 먼저 대홍수설이란 게 출현했다. 이 주장을 한 사람들은 멸종된 생물들이 있다는 걸 인정은 한다. 그런데 이건 성경에도 쓰여 있듯이 노아가 방주를 만들던 시절의 대홍수 때 멸종한 생물들이라고 주장했다. 어떤 사람은 한 번 가지고는 좀 부족했던지 홍수가 여러 번 일어났다고 주장하기도 했다.

하지만 여기에는 커다란 약점이 있었다. 들짐승들은 홍수 때문에 멸종했다고 치더라도 날짐승이나 물고기들이 어떻게 홍수로 멸종한단 말인가? 이런 허점이 있었지만 대홍수설은 당시에 창조론을 지켜내는 데 꽤 효력을 발휘했다.

창조론자들이 방어만 한 것은 아니었다. 어떻게 해서든 진화론의 약점을 찾아내서 집중적으로 공격하였다. 창조론자들이 가장 자신만만했던 것은 날개와 눈이었다. 눈이나 날개 같은 복잡한 구조와 정교한 기능이 어떻게 우연히 생겨났겠는가. 하나님 같은 지적이고 전지전능한 분이 설계해 주지 않으셨다면 말이다. 이 논리는 꽤나 날카로워서 진화론자들은 제대로 방어하지 못하고 쩔쩔매고 있었다.

19세기의 진화론자들은 새로운 영웅이 나타나서 창조론을 무너뜨려 주길 간절히 희망하고 있었다. 이 시절 다윈은 비글호를 타고 세상을 돌아다니고 있었다. 그는 5년 동안 무엇을 보고 경험하였기에 훗날 시대의 영웅으로 등장할 수 있었을까. 이제 우리는 다시 비글호 시절의 다윈에게로 돌아가야 한다.


## 비글호에서 본 것

거친 바다 위에서 보낸 5년간은 다윈의 인생관과 세계관을 모두 바꿔 놓았다. 그의 인생 항로 자체가 새로운 궤도로 접어들며 전혀 다른 사람으로 변해 버린 것이다. 다윈이 꼼꼼하게 정리해 1839년에 출간한

『비글호 항해기』에는 자신이 경험한 놀라운 일들이 기록되어 있다.

모랫바닥에 어린 나무처럼 자라는 작은 가지를 발견! 식물처럼 생긴 것이 분명한데 잡아 뽑으려고 하면 바닥으로 움츠러들고 손의 힘이 조금이라도 느슨해지면 속으로 쏙 들어가 버린다. 어찌어찌해서 결국 그것을 뽑아 보니 큰 벌레는 뿌리였으며, 나무가 자라면 벌레는 작아진다. 벌레가 완전히 나무가 되면 땅에 뿌리를 박고 커진다. 세상에 이럴 수가! 내가 이번 항해에서 본 것 중 가장 신기하고 놀라운 일이 이것이다. 그뿐만이 아니다. 나무는 어릴 때 뽑아내면 잎과 껍질이 벗겨지고 마르면 산호처럼 단단한 돌멩이가 된다. 따라서 이 벌레는 다른 물질로 두 번 변한다.

얼마나 놀랐을까? 영국의 작은 동네에서 주로 살아온 다윈에게 그 충격은 대단했을 것이다. 동물이면 동물이고 식물이면 식물이지 동물이면서 식물인 생물이 있을 수 있다니. 또 그게 돌멩이가 될 수도 있다니. 다윈은 이것이 5년 동안 있었던 일 중 '가장 신기하고 놀라운 일'이라고 경탄하면서 그것들을 많이 모아서 집으로 가져간다.

배에 오른 지 만 4년이 다 되어 가던 1835년 10월 어느 날, 비글호는 적도 바로 아래 열 개 정도 되는 섬에 다가가고 있었다. 이곳이 바로 저 유명한 갈라파고스 군도였다. 배 위에서 보았을 때는 내리지 말까도 싶었다. 태양에 그을린 작은 덤불에서는 생물은커녕 생물의 흔적조차 찾기 힘들어 보였기 때문이다. 땅바닥은 용암이 굳은 검은 현무암질인데다가 여기저기 큰 금이 가서 밟아 볼 기분조차 나지 않았다.

그러나 섬에 가까이 갈수록 새로운 것들이 드러났다. 다윈의 눈은 이글거렸고 가슴은 벅차올랐다. 쿵쾅거리는 심장을 진정시키며 다윈은 이렇게 썼다.

이 지구상에 새로운 생명체들이 처음 나타나던 때, 바로 그 장소, 이것이야말로 세상에서 가장 신비로운 것, 신비 중의 신비다. 지금 우리는 그 위대한 사실에 다가가고 있는 것 같다.

그렇게 보잘것없는 섬, 그 작은 세계 안에 다양한 동식물들이 우글거리고 있었다.

갈라파고스 군도의 섬들은 이쪽 섬에서 저쪽 섬이 보일 정도로 서로 가까이 있었다. 토양, 섬의 높이,

NORTH AMERICA
Anchorage
Edmonton
Vancouver
San Francisco
Chicago
St. Louis
Montreal
New York
Washington
Atlanta
Houston
Monterrey
Miami
Havana
Mexico
Guatemala
Panama
Santo Domingo
Greenland
SOUTH AMERICA
Caracas
Bogotá
Quito
Galápagos Is.
Manaus
Fortaleza
La Paz
Brasilia
Salvador
Rio de Jan
Asunción
Córdoba
Santiago
EUROPE
London
Paris
Madrid
Berlin
Warsaw
Rome
Ankara
Azores
Casablanca
AFRICA
Algiers
Cairo
Timbuktu
Khartoum
Dakar
Abidjan
Lagos
Addis Ab
Kinshasa
Nai
Dar es Salas
Harare
Johannesburg
Cape Town
Antananarivo
Canary Is.
Cape Verde Islands
ASIA
Moscow
Yekaterinburg
Irkutsk
Volgograd
Ulaanbaatar
Almaty
Shenyang
Tashkent
Baku
Beijing
Beirut
Tehran
Kabul
Baghdad
Karachi
Delhi
Lhasa
Wuhan
Riyadh
Calcutta
Guangzhou
Bombay
Singapore
Bangk
AUSTRALIA
New Guinea
Darwin
Auckland
Tasman
ANTARCTICA
Dufek Coast
Siple Coast
Queen Maud
Ice Shelf
90°
THE PLACES NAMED
C.E.
Mass.
N.H.
Me.
2-25
25-250
square mile
Less than 2

기후가 비슷할 수밖에 없었다. 따라서 거기 사는 생물들도 모두 비슷해야 마땅했다. 하지만 아니었다.

이 섬들에는 거대한 거북들이 살고 있었다. 얼마나 크고 무거웠던지 어른 여섯 명이 힘을 합쳐도 들 수 없는 놈도 있었다. 생김새가 신기해서 다윈도 여러 마리를 수집해 놓았다.

그러던 어느 날, 현지 부총독인 로슨 씨는 다윈에게 이렇게 자랑한다. 여긴 섬마다 거북의 모양이 달라서 자기는 어떤 거북이 어느 섬에 사는지 확실히 알 수 있다고. 하지만 이 사실을 몰랐던 다윈은 섬 두 곳에서 채집한 거북을 대충 섞어서 보관하고 있었다. 다윈은 큰 실수를 저질렀음을 깨달았지만 때는 이미 늦고 말았다.

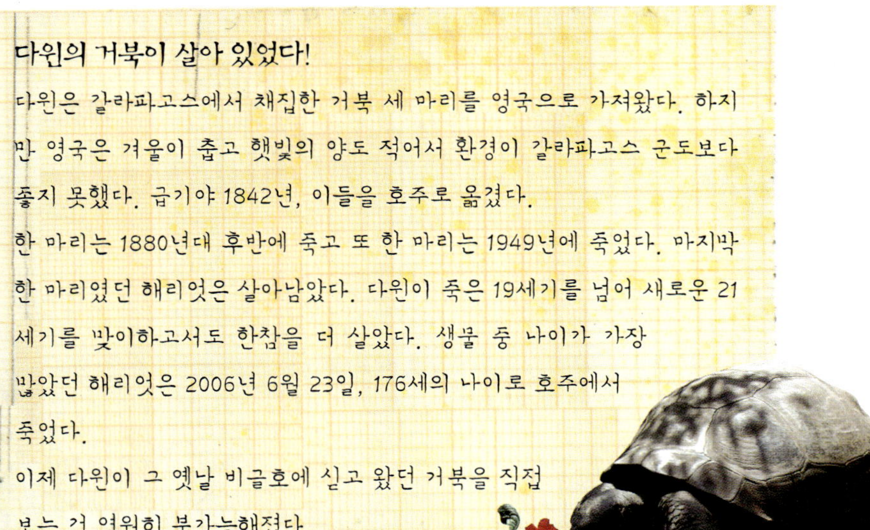

**다윈의 거북이 살아 있었다!**

다윈은 갈라파고스에서 채집한 거북 세 마리를 영국으로 가져왔다. 하지만 영국은 겨울이 춥고 햇빛의 양도 적어서 환경이 갈라파고스 군도보다 좋지 못했다. 급기야 1842년, 이들을 호주로 옮겼다.

한 마리는 1880년대 후반에 죽고 또 한 마리는 1949년에 죽었다. 마지막 한 마리였던 해리엇은 살아남았다. 다윈이 죽은 19세기를 넘어 새로운 21세기를 맞이하고서도 한참을 더 살았다. 생물 중 나이가 가장 많았던 해리엇은 2006년 6월 23일, 176세의 나이로 호주에서 죽었다.

이제 다윈이 그 옛날 비글호에 싣고 왔던 거북을 직접 보는 건 영원히 불가능해졌다.

**여러 가지 핀치새** 다윈의 『비글호 항해기』(1839년 출간)에 실린 갈라파고스 군도의 핀치 삽화. 서식지와 먹이에 따라 달라진 핀치의 부리는 다윈이 진화론을 다듬어 가는 중요한 계기를 제공했다.

나중에 알고 보니 거북만이 아니었다. 흉내지빠귀와 핀치 같은 새들은 물론 수많은 식물들 또한 섬마다 조금씩 달랐다. 당시 다윈은 이 사실을 까맣게 몰랐다.

다윈은 영국에 돌아와 자기가 채집한 핀치 새들을 어느 조류학자에게 분류해 달라고 부탁했다. 그랬더니 다윈의 예상과는 달리 그 핀치 새들은 4속 13종으로 분류될 만큼 서로 종이 달랐다. 특히 부리 모양이 종마다 현저히 달랐는데, 그건 먹이가 달랐기 때문이었다.

다윈은 연구에 연구를 거듭한 결과 이런 생각에 이른다. 원래 남아메리카에 살던 생물 중 일부가 갈라파고스 군도로 옮겨 와 살게 된 것으로 보이는데⋯⋯. 흠! 그렇게 이사해 온 한 종의 새들이 각기 떨어져 있는 섬들에 적응해 가면서 결국은 다른 여러 종으로 분화하게 되지 않았을까⋯⋯.

그 시대에 오로지 다윈만이 감행할 수 있는 놀라운 추리였다. 만일 다윈이 갈라파고스 군도를 그냥 지나쳤더라면, 그래서 다양한 핀치들을 수집해 오지 않았더라면, 다윈은 진화론을 내놓지 못했을지도 모른다. 현재 갈라파고스는 에콰도르의 국립공원으로 지정되어 있으니 근처에 갈 일 있으면 꼭 들러 보시길. 또 알겠는가, 여러분도 다윈 못지않은 새로운 발견을 하게 될지!


1835년 2월 20일 다윈이 칠레의 발디비아에서 한가롭게 쉬고 있는데 갑자기 땅이 흔들리기 시작했다. 처음 경험하는 지진이었다. 그다음 주에는 북쪽으로 항해하다가 지진을 몇 번 더 겪었다. 콘셉시온에 들어섰을 땐 온 도시를 폐허로 만들 만큼 엄청난 재앙과 맞닥뜨렸다.

지진의 영향으로 거대한 조수의 물결이 해안으로 밀어닥칠 때마다 큰 배들도 코르크 마개처럼 힘없이 흔들렸다. 작은 배들은 장난감처럼 아예 육지에 내동댕이쳐졌다.

어떤 언덕의 해양층에는 나무둥치가 묻혀 있었는데, 원주 길이가 450센티미터나 되는 화석이었다. 한때 바다 밑에 가라앉았다가 나중에 올라온 것이었다. 이것은 오랜 기간에 걸쳐 땅이 끊임없이 변화를 겪어 왔다는 사실을 말해 주었다.

우리가 발 딛고 사는 이 견고한 땅바닥이 그렇게 크게 흔들릴 수 있다니! 그러니 거기에 사는 생물들의 변화는 얼마나 큰 것일까. 다윈은 갑자기 지구가 한 마리 거대한 생물과도 같다고 느꼈다.

다윈이 생물학 연구만 한 건 아니었다. 다양한 인간들을 접하면서 인간끼리의 관계에 대해서도 깊이 통찰하였다. 탐사 기간 동안 로사스 장군의 기병대를 만났는데, 이 부대는 인디언 원주민들을 무자비하게 소탕한 사람들이었다. 다윈은 이렇게 썼다.

이 시대에 기독교 문명 국가에서 그렇듯 잔학한 행위가 저질러질 수 있단 말인가? 우리 영국인들과 미국인 후손들이 열렬히 자유를 부르짖었으면서도 이렇게 큰 잘못을 범했고 지금도 범하고 있다. 생각하면 생각할수록 피가 끓고 가슴이 떨린다.

문명인이자 기독교도인 유럽 인들이 다른 인간을 대량으로 학살하다니.

이것은 짐승들끼리 벌이는 치열한 생존경쟁과 다를 바 없다. 인간은, 기독교인은 그저 옷 입은 짐승에 불과하단 말인가! 유럽 사람이 어디를 가든 그 뒤에는 원주민들의 시체가 쌓여 있었다.

다윈의 분노는 크고도 깊었다. 그러나 그는 침착한 태도를 유지하면서 생물학자답게 이를 해석했다. 그것은 인간 세계의 한 종족(서양인)이 자신의 영역을 확장하기 위해 다른 종족(원주민)을 멸종시킨 것이었다.

1836년 8월 19일 브라질을 뒤로하면서 다윈은 노예의 나라를 두 번 다시 방문하지 않게 되어 다행이라 여겼다. 아직도 노예들의 비명 소리가 귓가에 들려오는 것 같았다. 리우데자네이루 근방에서 다윈은 어느 할머니의 맞은편에 살았던 적이 있다. 이 할머니는 여자 노예의 손가락을 꽉 눌러 비트는 도구를 가지고 있었다. 끔찍해라!

노예들은 하루도 빠짐없이 심한 욕설을 당하고 매를 맞으며 짐승보다 못한 삶을 살고 있었다. 이렇듯 참혹한 일들을 비교적 노예를 잘 대우한다는 에스파냐 사람의 식민지에서 목격한 것이다. 다윈은 떨리는 펜으로 이렇게 썼다.

당신이 부인이나 자녀를 남에게 빼앗겼다고 생각해 보라. 그리고 그들이 짐승처럼 노예 상인에게 팔렸다고 생각해 보라. 이웃을 사랑하고 하나님의 뜻에 따라 행동하겠다는 사람들이 이런 짓을 저지르고 있다니.

야생의 황폐한 해안에서 원주민을 처음 보았을 때 다윈은 경악했다. 원주민들은 완전히 벌거벗었고 온몸에 얼룩덜룩 칠을 했으며 긴 머리칼은 헝클어졌고 흥분해서 입에서는 거품이 일었다. 예술 따위는 찾아볼 수도 없었고 짐승처럼 주위에 있는 것들을 닥치는 대로 먹고 살았다. 다윈은 원주민들을 보며 오래전에 살았던 조상들을 떠올렸다.

토착지의 미개인을 본 적 있는 사람이라면, 자신의 혈관 속에 비천한 생물의 피가 흐른다는 사실을 알게 되더라도 큰 수치심을 느끼지는 않을 것이다.

적을 괴롭히며 즐거워하고 양심의 가책도 없이 유아를 살해하고 아내를 노예처럼 취급하며 천한 미신에 사로잡혀 있는 미개인들. 다윈은 그들이 바로 자기의 먼 조상들의 모습이라고 생각했다.

## 불길한 생각과 살인의 고백

비글호에서 지낸 5년 동안 다윈은 실로 많은 것을 경험했고 새로운 생각들이 마구 떠올라 머리가 뒤죽박죽이었다. 돌아와서 결혼도 하고 『비글호 항해기』도 출간하여 생활이 어느 정도 안정되자, 다윈은 생물에 대한 새로운 생각들을 정리하기 시작했다. 그러면서 이전과는 전혀 다른 사상을 갖기 시작했다. 서른세 살 때 어느 동료 자연학자에게 보낸 편지에 벌써 이런 생각이 나타나 있다.

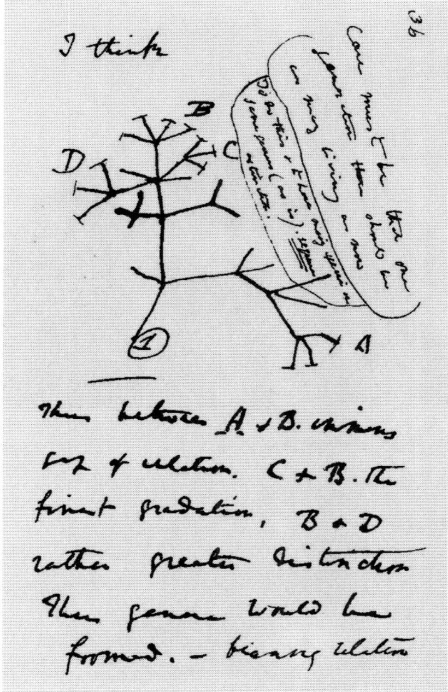

1837년 다윈의 스케치 다윈이 28세 때 자신의 비밀 노트에 남긴 그림과 메모다. 다양한 생물 종들이 사실은 하나의 혈통에서 뻗어 나온 후손들이 아닐까 생각했던 흔적이 엿보인다. 이런 발상은 훗날 『종의 기원』에서 거대한 한 그루 생명의 나무로 진화한다.

대부분의 사람들은 신이 어떤 법칙에 따라 생물들을 만들었다고 믿고 그 법칙을 발견하려 애쓴다네. 하지단 그건 그야말로 허무맹랑한 생각이야. 생물들이 종류마다 다른 것은 조상의 혈통이 각각 다르기 때문일세.

이런 생각을 조금 더 발전시켜 가던 다윈은 마침내 서른다섯 살 때 충격적인 결론에 이른다. 다윈 자신도 깜짝 놀라서 절친한 친구 후커에게 편지를 썼다.

**다윈과 친했던 과학자들** 왼쪽부터 차례대로 지질학자 찰스 라이엘(1797~1875), 해부학자이자 동물학자인 토머스 헉슬리(1825~1895), 식물학자 조지프 후커(1817~1911)이다.

나는 농업과 원예에 관해 엄청나게 많은 책들을 읽으며 쉴 새 없이 자료를 수집했네. 그래서 마침내 광명을 찾았지. 처음에 생각했던 것과는 정반대로 생물의 종은 불변하는 게 아니더라고. 이건 확실해. 아! 이렇게 말하고 나니 마치 살인을 저지르고 나서 그걸 고백하는 기분이네.

다윈은 이제 확고한 진화론자가 되었다. 하지만 당시 사회는 진화론자들을 미쳤거나 살인자처럼 부도덕한 사람으로 보았다. 당신이 다윈이라면 어떻게 했겠는가? 열심히 연구해서 발견한 진리가 사회에서 절대 받아들일 수 없는 사상이라면 말이다. 일단 다윈은 조용한 성격을 지닌 신사답게 이 사실을 가까운 친구나 동료에게만 넌지시 암시한 뒤 철저히 침묵하는 쪽을 택했다.

1844년 10월, 저자의 이름을 감춘 채 『창조의 자연사적 흔적』이란 책이 출간되었다. 거기에는 우주와 생물과 사회의 모든 것이 계속 발달해 간다는 진화론적인 내용이 담겨 있었다.

나중에 알려진 사실이지만 이 책의 저자는 언론인인 체임버스였고, 이 책의 영향력은 마치 쓰나미처럼 영국 전역을 덮쳤다. 초판은 750부를 찍었고 값은 7실링이었다. 신사 계급 말고는 구입할 수도 없는 비싼 값이었다. 비싼 가격에도 불구하고 책은 날개 돋친 듯이 팔려 나갔다. 바로 다음 달 1천 부를 더 찍고, 1845년 2월에 1,500부, 5월에 2천 부, 1846년 1월에 1,500부를 더 찍었다. 엄청난 판매고였다. 빅토리아 여왕 부부에서 시골의 노동자까지 너도나도 이 책을 읽었다.

영국을 온통 충격 속에 몰아넣은 이 책은 얼마 되지 않아 폭탄 세례 같은 비판을 당했다. 책의 내용에 별로 깊이가 없었기 때문이다. 이 책의 빈틈을 파고드는 창조론의 반격은 매서웠으며 진화론자들에게는 여전히 증거와 논리가 모두 부족했다. 이런 상황을 똑똑히 목격한 다윈은 점점 더 깊은 침묵 속으로 빠져 들어갔다. 자신의 생각을 갈고닦으면서 좀 더 많은 증거를 모아야 했고 그러려면 시간이 필요하다고 믿었다. 그렇지만 다윈 자신도 몰랐으리라, 자신의 침묵이 그 뒤로 15년 동안이나 계속되리라는 것을.

다윈은 비글호에서 돌아온 뒤부터 생명의 비밀을 풀고자 생각에 생각을 거듭했다. 주위에서는 이제 생각은 좀 그만하고 그동안의 연구 성과를 발표하라고 성화였다. 성실한 다윈은 그러거나 말거나 계속 연구만 했다. 1844년에는 화산에 관해 연구한 『화산섬』을 출간하고 1846년에는 『남아메리카 지질학』을 출간했다. 그러나 주변 동료들이 바라던 생물 진화에 관한 대작은 쓰지 않았다.

그러더니 다윈은 난데없이 따개비 연구에 들어갔다. 무려 8년 동안 계속 연구를 했는데 큰 성과는 없었다. 다윈도 허탈해했고 주변에서도 마찬가지였다. 게다가 원래부터 좋지 못한 건강은 나아질 기미가 보이지 않았다. 1856년 5월, 드디어 다윈은 『자연선택』이라는 '큰 책〔大著〕'을 쓰기로 결심했다. 다윈이 진화론을 가다듬어 온 지 벌써 스무 해가 지나고 있었다. 완벽하진 않지만 진화론에 관한 핵심은 어느 정도 확신이 든 시점이었다. 꾸준히 노력한 결과 1858년 봄까지 약 두 해 동안 꽤 많은 분량을 썼다. 건강 때문에 힘겹기 그지없는 고투의 연속이었다.


'큰 책' 저술에 푹 빠져 있던 1858년 6월, 운명의 편지가 날아왔다. 평소에도 학문적인 서신을 교환하던 월리스에게서 온 편지였다. 거기에는 논문 한 편이 들어 있었는데, 제목은 「변종이 원형에서 무한히 멀어져 가는 경향에 대하여」였다.

논문을 한 글자 한 글자 읽어 가던 다윈은 소스라치게 놀랐다. 글

**따개비** 굴등이라고도 부르는 따개비는 조개와 비슷하게 생겼지만 게나 새우와 같은 절지동물에 속한다. 다윈은 8년 동안 여러 종류의 따개비를 알, 애벌레까지 현미경으로 관찰하고 기록했다.

의 내용이 진화에 대한 자신의 생각과 너무나도 비슷했기 때문이다. 진화의 과정을 자연선택으로 설명하는 방식도 거의 같았다. 다윈이 얼마나 놀랐으면 "나보고 지금 내 생각을 정리해 보라고 해도 이보다 잘 쓰지는 못하겠다."라고 했겠는가!

자신이 오랫동안 은밀히 간직해 온 사상, 이제 본격적으로 쓰기 시작한 그 사상이 이미 월리스의 논문에 거의 다 적혀 있었다. 그동안의 노력이 모두 물거품으로 돌아가기 일보 직전이었다. 무릎이 꺾이며 현기증이 일었다. 어떡하면 좋단 말인가?

편지의 충격으로 얼얼해하던 중에 겨우 세 살밖에 안 된 아들 찰스가 사망한다. 엎친 데 덮친 격이었다. 괴로움이 머리를 때리고 슬픔이 가슴을 후벼 팠다. 더 이상 고통을 견디지 못한 다윈은 친하게 지내던 라이엘과 후커에게 월리스가 보낸 편지 얘기를 털어놓았다. 두 사람은 다윈의 독창성과 그동안의 연구 과정을 잘 알고 있는 사람들이었기 때문이다.

결국 그들은 궁리 끝에 묘안을 짜내 낙심한 다윈을 일으켜 세워 주었다. 묘안이란 〈린네 학회〉에 월리스의 논문과 다윈의 글을 함께 발표하자는 것이었다. 그리하여 1858년 7월 1일 〈린네 학회〉에는 다윈과 월리스의 글이 함께 발표되었다. 이리하여 다윈은 자연선택에 의한 진화론의 우선권을 월리스에게 빼앗기지 않을 수 있었다.

어쨌든 크게 한숨 돌린 다윈은 이제 정말이지 더 이상 머뭇거릴 수 없었다. 그동안 써 온 '큰 책'(『자연선택』)은 일단 중단하고 우선 그보다 '작은 책' 한 권을 서둘러 완성하기로 굳기 마음먹었다. 몸은 자주 아팠다. 중간 중간 요양을 했기 때문에 집중적으로 글을 쓰는 건 꿈도 꿀 수 없었다. 언제 죽을지 모른다는 두려움도 컸다. 아픈 몸으로 13개월 동안 사투를 벌인 끝에 드디어 한 권의 책을 완성하였다.


새로 쓴 책의 제목은 '종의 기원'이었다. 1859년 11월 24일의 일이었다. 15실링이나 하는 비싼 책이었지만 처음 찍은 1,250부가 당일에 모두 매진되었다. 물론 너무 큰 충격을 받아 실신하는 사람들도 있었고, '창조론의 적이자 기독교의 원수' 다윈을 제거하려는 하느님의 사도들도 나타났다. 하지만 이들이 사상의 혁명을 막을 수는 없었다.

『종의 기원』이 나온 이후 세상은 전과 크게 달라졌다. 같은 해에 같은 영국인 존 스튜어트 밀은 『자유론』을 내놓았고, 두 해 전인 1857년에 프랑스에서는 보들레르의 『악의 꽃』과 플로베르의 『보바리 부인』이 현대 문학의 출발을 선언했다. 두 해 뒤인 1861년 이 땅 조선에서는 김정호가 온몸으로 불후의 명작 「대동여지도」를 완성한다.

세계의 이쪽저쪽에서 거친 흙바람을 헤치고 새로운 시대의 거인들이 내달리고 있었다. 그 대열의 선두에 선 조용한 사내, 그가 바로 다윈이었다.

# 2부

# 생명의 장엄한 진화 이야기

생명은 맨 처음에는 한두 가지 형태에 불어넣어졌다. 그 뒤로 지구라는 이 행성이 확고한 중력의 법칙에 따라 회전하는 동안, 그렇게도 단순한 시작에서 너무나 아름답고 경이로운 생물체들이 무한하게 생겨났다. 그리고 지금도 생겨나고 있다. 어떤가, 나의 이러한 견해는 참으로 장엄하지 않은가?

# 어떤 날개도 3년 안에
# 만들 수 있다

## 바나나와 쥐와 소나무의 혈통

『종의 기원』 첫 페이지를 쓰기 시작했을 때, 다윈의 심장은 얼마나 크게 뛰었을까?

"쿠궁! 쿠궁!"

다윈의 머릿속에는 『종의 기원』을 읽고 커다란 충격을 받을 독자들의 모습이 선하게 떠올랐을 것이다. 어쩌면 150년 뒤의 독자인 당신도 깜짝 놀랄지 모르겠다.

이제 우리 모두 책 속으로 성큼성큼 들어가 보자.

혹시 성경을 읽어 보신 적 있는가. 거기에는 이 세상의 모든 동식물 종들을 하나님께서 하나하나 창조하셨다고 씌어 있다. 그러므로 개는 개고 돼지는 돼지고 민들레는 민들레다. 또 암캐와 수캐가 만나 짝짓기를 해서 새끼를 낳으면 아무리 특이하게 생겼어도 개가 나오지 쥐나 바나나가 나오진 않는다. 오래전부터 서양 사람들은 하나님께서 각각의 종들을 따로 창조하셨다고 생각했다. 그렇게 생각하는 게 무엇보다도 자연스러웠다.

그런데 만약 어떤 사람이 개와 고양이, 돼지, 하마가 사실은 아득히 먼 조상에서 이어져 내려온 같은 후손이요, 한 핏줄이라고 말한다면 어떨까? 나아가서 저 물고기들, 새들, 아니 저 바나나와 쥐와 소나무가 모두 한 핏줄이라고 주장한다면?

이렇게 기도 안 차는 얘기를 감히, 그것도 150년 전인 옛날에 주장한 사람이 바로 찰스 다윈이었다. 다윈이 말한 것은 인간이 원숭이를 닮은 이상한 동물에서 유래했다는 정도의 만만한 얘기가 아니었다. 물론 그런 비슷한 얘길 해서 사람들에게 큰 충격을 준 건 사실이지만 그게 전부가 아니었다.

다윈은 그 이상한 동물은 또 어디서 유래했을까 생각해 보았다. 그리고 결국 이 세상 모든 동식물이 아득히 먼 저 옛날 어떤 생물체로부터 나왔다는 결론을 내렸다. 다윈은 자기가 생각해 낸 게 자신도 너무 놀라워서 무려 20여 년을 연구하고 또 연구했다. 다윈의 길고 긴 침묵을 이해하실 수 있겠는가?

『종의 기원』의 메시지는 말 그대로 충격이었다. 하지만 그런 황당한 얘기에 심오한 깊이와 명백한 논리가 들어 있었다. 150년 전 영국에 살던 사람들은 경악하지 않을 수 없었다. 이럴 수가! 설마 설마 했는데 정녕 창조론이 틀리고 진화론이 옳단 말인가!

그런데 『종의 기원』의 결론을 인정하고 나면 다음 상황은 더 심각해진다. 정말로 다윈의 말이 옳다면, 만약 그렇다면, 그 옛날 조상은 또 어디에서 왔단 말인가? 그런 식으로 조상의 조상의 조상으로 한없이 거슬러 올라가면 그 꼭대기에 무엇이 버티고 있겠는가. 나올 수 있는 것은 무생물밖에 없다.

만일 그게 사실이라면 길가의 돌멩이나 쇳조각 같은 것으로부터 온갖 생명체들이 시작되었다는 것인데…… 나의 조상이 저 돌멩이라니!

다윈의 주장은 황당하기 그지없었지만 논리는 정교했고 증거는 풍부했다. 그렇기 때문에 쉽사리 반박할 수 없는 견고한 학설이 될 수 있었다.


이런 엄청난 얘기를 다윈은 어떻게 시작했을까? 그 궁금증을 풀기 위해 우리는 『종의 기원』 첫 장을 열어야 한다. 다윈은 먼저 우리가 주변에서 늘 볼 수 있는 생물에서부터 이야기를 시작했다. 집에서 기르는 식물과 동물들은 야생의 동식물들보다 변종이 훨씬 더 많다. 여기서 변종이란 어떤 종의 생물들 중에서 다른 개체와 크게 다른 놈을 말한다. 한마디로 튀는 생물이 변종이다.

**다양한 장미** 전혀 다르게 생긴 두 종류의 장미이다. 장미는 관상용으로 재배하면서 수많은 개량종이 생겨났다.

장미를 예로 들어 보자. 자연산 장미는 본래 종류가 많지 않았다. 한데 워낙 향기롭고 아름다워서 예로부터 향료용이나 보고 즐기는 관상용으로 재배하면서 수많은 개량종이 생겨났다. 지금까지 2만5천 종이 개발되었고 지금도 해마다 200종 이상의 신품종이 개발되고 있다.

다윈은 이 점을 신기하게 생각했다. 우리 인간들이 오래도록 길러 온 동식물들은 왜 저 야생 상태의 생물들보다 변종이 더 많을까?

자연 상태의 동식물이 인간과 함께 살게 되면 우선 먹이가 달라진다. 야생의 자연에서 살아가는 들소나 멧돼지와 달리 인간이 기르는 소나 돼지는 사람이 뜯어다 주는 풀이나 사람이 먹는 음식물을 먹게 되니까 먹는 것에서부터 큰 차이가 난다. 생활환경 또한 크게 변한다. 특히 요즘은 다른 나라에서 잘 자라던 동식물들을 기후도 맞지 않는 우리나라에 데려와서 키우니 동식물들의 고생이 얼마나 심하겠는가.

그런 생물들이 크게 변하지 않는다면 그게 더 이상할 것이다. 요컨대 생활환경과 먹이가 달라지니까 동식물들은 변할 수밖에 없다. 그런데 더 중요한 건 특히 짝짓기와 관련된 생식 기관이 가장 민감하게 변화한다는 것이다.

이게 무슨 얘긴지 잘 모르신다면, 가끔 신문이나 텔레비전에서 본 내용을 떠올려 보자. 외국에서 데려온 희귀한 동물들이 어른이 되었는데도 짝짓기를 하려 하지 않는다는 뉴스를 본 적이 있을 거다. 이럴 때면 짝을 구해 오느니 어쩌느니 하며 호들갑을 떨기도 한다.

인간이란 종은 참 이상도 하다. 멀쩡히 잘 살고 있는 동식물들을 환경 조건이 잘 맞지 않는 곳에 왜 데려오는지. 그러고는 그들을 위해 좋은 먹이를 준다느니, 짝짓기를 시켜 준다느니 하며 난리를 친다. 아예 처음부터 개네들이 살던 대로 놔두면 될 텐데……. 사람이든 동물이든 식물이든 생명 가진 것들은 모두 똑같다. 환경이 크게 변하면 생물 자체도 변하게 된다. 그중에서도 가장 중요한 두 가지, 즉 먹는 것과 짝짓기에 큰 변화가 생긴다.


환경에 어떤 변화가 급격하게 일어나면 생식 기관에 큰 변화가 생긴다. 변화는 대부분 안 좋은 변화이고, 심할 경우에는 임신을 하지 못하게 될 수도 있다. 만일 자손이 생긴다 해도 대개 기형이거나 어딘가 잘못된 경우가 많다.

인간의 경우만 해도 쌍둥이의 머리가 붙는다든가, 손가락과 발가락 사이에 물갈퀴가 달린 경우, 혹은 손가락 개수가 한두 개 더 많거나 적은 경우 등 그 종류도 다양하다. 그런 아이들은 대개 제대로 살지 못하고 일찍 죽는 경우가 많다. 이런 얘길 하다 보니 기분이 좀 우울해진다.

그렇지만 급격한 변화가 꼭 나쁜 결과만 가져오는 건 아닐 것이다. 간혹 대단히 특이한 새끼도 태어나고 개중에는 아주 뛰어난 새끼도 있지 않겠는가.

동물이든 식물이든 부모가 자식을 낳으면 대체로 부모를 닮게 마련이지만, 그다지 닮지 않았거나 전혀 안 닮은 자식이 태어날 수도 있다. 그런 자손들은 대개 정상적으로 살아가기 힘들다.

현재 지구상에 살고 있는 동식물들은 나름대로의 특징을 살려서 주변 환경에 적응하며 살아가고 있다. 그런 평범한 생물에 비하면 특이한 생물들은 대체로 살아가기 힘들 터이다.


호랑이는 날카로운 이빨로 약한 동물들을 잡아먹는다. 염소 비슷하게 생긴 영양은 연약한 동물이지만, 위기에 빠지면 날씬한 몸매를 잘 살려서 다리가 안 보일 만큼 잽싸게 달아난다. 그런데 만약 호랑이 자손 중에 이빨이 뭉툭한 호랑이 새끼가 태어나면 무슨 일이 생길까? 달리기를 못할 정도로 뚱뚱한 영양이 태어나면 또 어떻게 될까? 이들은 당장 하루하루 살아갈 일이 막막할 것이다. 요컨대 최대한 부모를 닮아야 험한 세상에서 잘 살아갈 수 있다.

그런데 부모와 안 닮은 자식들 중에 부모보다 더 뛰어난 자손이 태어날 가능성도 없진 않다. 시력이 더 좋거나 먹이를 조금만 먹어도 오래 견딜 수 있는 자식이 태어날 수도 있다.

내친김에 더 나아가 보자. 어느 해에 영양이나 사슴들의 수가 많이 줄어들었다고 해 보자. 그렇게 되면 호랑이의 먹이가 부족해져서 많은 호랑이들이 굶어 죽을 것이다. 만일 이런 시절에 훨씬 덜 먹고도 살 수 있는 호랑이가 태어난다면 어떻게 될까? 아마 제 부모보다 더 장수하고 더 많은 새끼를 낳을 것이다. 물론 이런 일이 생길 확률은 1퍼센트도 채 안 될 정도로 매우 드물다.

그렇지만 다윈에게는 그 확률이 어쨌든 0보다는 크다는 사실이 중요했다. 아주 적긴 하지만 그래도 특이한 생물들이 간혹 태어날 것이고 그 생물이 자기와 닮은 새끼를 낳을 것이다. 그 자식이 또 새끼를 낳고 계속 나아가다 보면 언젠가는 아여 새로운 호랑이나 새로운 영양이 태어날 수도 있지 않을까.

저 마구간의 다양한 말들과 당나귀와 노새를 보라. 저들이 모두 한 종류의 야생말에서 시작해서 이렇게 저렇게 짝짓기를 해서 특이한 놈들이 새끼를 낳고 그 새끼가 또 새끼를 낳고 하다 보니 얼룩말도 생기고 당나귀도 생기고 노새도 태어난 거 아니겠는가. 다윈은 이리하여 모든 생물은 창조된 게 아니라 진화된 거라는 과학적 진화론을 정립하게 되었다. 이상, 다윈과 진화론 얘기 끝!

여기서 다윈의 진화론이 끝나 버리는 줄 알고 놀라셨겠지만 다윈의 진화론은 그렇게 간단한 게 아니다. 다윈의 진화론이 그렇게 간단하면 얼마나 시시하고 재미없겠는가. 그렇게 쉬운 거라면 몇천 년의 세월이 흐르는 동안 왜 다른 사람들은 그런 생각을 못 했을까.

침착하게 아까 얘기로 다시 돌아가 보자. 지구에는 셀 수 없이 많은 생물들이 태어나기 때문에 그중에 특이한 놈들도 가끔 태어날 수 있다. 그런데 그런 놈은 어딘가 문제가 있는 놈이고 그러니까 제대로 살아가기가 힘들다. 자손도 많이 남길 수 없을 것이다.

그런데 그런 자가 어떻게 새로운 종의 조상이 될 수 있겠는가? 운이 좋아 자손을 많이 남길 수도 있었겠지. 그런데 그 자손의 남편이나 아내는 대부분 평범하고도 정상적인 생물일 것이다(특이한 생물은 아주 드무니까).

예컨대, 손가락 사이에 물갈퀴가 달린 엄마와 그렇지 않은 아빠가 짝짓기를 해서 자손이 생겼다고 해 보자. 그 자손의 손가락 사이에 물갈퀴가 또 있을 확률은 아주 작을 것이다. 그런 특이한 놈이 태어날 확률은 작다. 그 특이한 놈의 자손이 또 특이할 확률은 정말 작다.

특이한 자손들만 계속 태어나 언젠가 아주 특이한 놈이 하나의 종이 될 확률은 거의 0에 가깝다. 그러니까 사람끼리 짝짓기하면 사람이 나오지 개나 수박이 태어나진 않을 수밖에.

진화론적인 생각은 아주 오래전부터 있었지만 바로 이 문제를 도저히 풀 수 없었기 때문에 몇천 년간 다윈을 기다려야만 했던 것이다.


## 인간은 선택하는 동물

짝짓기가 계속 이뤄져 새로운 자손들이 태어날 경우, 특이한 생물들은 늘어날까 줄어들까. 당신은 어느 쪽이 맞는다고 생각하는가.

상식적으로 보면 줄어들 가능성이 훨씬 더 높다. 그래서 『종의 기원』이 출간되기 전에는 진화론이 창조론에게 밀렸다. 생물의 진화를 확신하던 다윈은 여기서 두 가지 카드를 던진다.

먼저 다윈은 인간이 집에서 기르는 동식물들이 얼마나 크게 변화하는지 실감 나게 보여 주었다. 이건 아까도 얘기한 것처럼 어려운 일이 아니었다. 다음으로 그는 당시에 크게 유행하던 원예 얘기를 꺼냈다.

앞서 말했듯이, 원예가나 사육사는 "동물이든 식물이든 암수를 잘 골라내서 교배시키면 가축의 형질을 조금씩 변경시킬 수 있을 뿐만 아니라 완전히 다른 것으로 만들어 버릴 수도 있다. 이것은 마치 벽에 분필로 원하는 생물을 그려 놓고 그다음에 거기에 생명을 불어넣어 준 것과 같다."라고 말했다.

또 당시의 어느 숙련된 사육사는 "어떤 날개도 3년만 있으면 만들

95 x 45 x 85 mm
160 x 105 x 180 mm
160 x 70 x 195 mm

어 낼 수 있다. 머리와 부리는 6년이면 된다."라고 하지 않았던가. 당시의 영국 사람들이 날마다 경험하던 평범한 일상 속에서 다윈의 두 눈이 예리하게 번득이기 시작했다.

바로 저거다! 부모는 자기랑 닮은 새끼를 낳지만 완전히 똑같은 새끼를 낳는 건 불가능하다. 그렇기 때문에 이 세상 생물들은 어떤 식으로든 차이가 있다. 또 그렇게 다르기 때문에 사육사들은 그중에서 특이한 놈들을 골라낼 수 있는 것이다.

생물들 사이의 '차이를 선택'하는 행위가 반복되고 반복되어 어느 정도의 시간이 지나면 작은 차이는 뚜렷한 특징으로 바뀌게 되고, 그런 특징을 갖는 새로운 생물이 생겨난다. 한마디로 인간의 선택이 오래 쌓이면 새로운 생물이 생겨난다는 얘기.

어떤가? 좀 특이한 생물들이 몇몇 태어날 경우, 그런 특이한 생물들만을 골라 짝짓기를 시킨다면 그런 특징이 묽어지기보다는 훨씬 더 짙어지지 않겠는가? 다윈의 목소리로 들어 보자.

모든 생물이 어느 날 갑자기 생겨났다고는 상상할 수 없다. 집에서 기르는 동식물들이 놀랍도록 다양한 것은 인간이 계속해서 선택하고 교배시켜 준 덕분이다. 이것이 숨겨진 비밀이다. 자연은 계속해서 변이를 일으켜 주고, 인간은 그것을 자기에게 유용한 방향으로 계속 쌓아 간다. 이런 의미에서 인간은 자신에게 유익한 품종을 만들어 내고 있다고 할 수 있다.

여기서 중요한 것은 인간이 선택을 하는 이유가 새로운 종을 탄생시키기 위해서가 아니라는 점이다. 그저 자기가 기르는 비둘기나 개가 좀 더 멋지고 특이해지기를 바랄뿐이다. 혹은 딸기의 열매가 좀 더 많이, 좀 더 크게 열리기를 바라며 선택을 할 뿐이다.

그런 작은 선택들이 수백 년, 수천 년 쌓이다 보면 작은 변화가 큰 변화가 되고, 마침내 그 변화가 무지무지 커져서 비로소 새로운 종이 탄생하는 것이다. 이걸 실감하고 싶으면 시장의 과일 가게 앞에 가 보시라. 복숭아의 냄새를 맡고 수박을 통통 두드려 보는 손님, 같은 값이면 좀 더 큰 걸 집는 사람, 작은 게 더 맛있다고 생각해서 일부러 작은 과일을 고르는 사람 등 조금씩 차이는 있다. 하지만 같은 돈을 내고 뭔가 좀 더 나은 것을 고르려고 한다는 점은 똑같다. 그리고 장기간에 걸쳐 좀 더 나은 것을 고르려는 선택 행위가 반복되다 보면 새로운 종이 탄생하는 데 조금이나마 기여할 것이다.

『종의 기원』에서 다윈이 제시한 논리는 새롭고도 정교했다. 당시 독자들은 집에서 기르는 동식물에게 뭔가 큰 변화가 생길 수 있다는 걸 잘 알고 있었다. 더군다나 그런 큰 변화는 자신이 우수한 놈들을 잘 골라서 교배시킨 덕분이 아닌가. 마치 자기가 작은 신이라도 된 듯이 어깨가 으쓱해지기도 했다.

그렇지만 자연 속에서라면 어떨까. 자연어는 설령 이런저런 변이가 생긴다 해도 인간처럼 그 차이를 찾아내고 좀 더 나은 것들끼리 잘 골라서 짝짓기를 시켜 줄 존재가 없지 않은가.

『종의 기원』을 읽으며 고개를 끄덕이던 독자들은 새로운 질문에 사로잡혔다. 그들은 마른침을 묻혀 가며 서둘러 다음 페이지로 넘어갔다.


**종과 변종의 구별**

『종의 기원』은 제목 그대로 다양한 종들이 어떻게 생겨났는지, 그 기원을 찾아내려는 책이다. 그런데 연구를 계속해 나가던 다윈은 종이라는 게 그렇게 확실하지 않다는 사실을 알게 되었다.

다윈은 다양한 꿩들 중에서 어느 쪽이 표준적인 꿩이고 어느 쪽이 그 꿩의 변종인지 확실히 알 수가 없다고 했다. 변종이란 어떤 종과 매우 비슷하지만 '매우 특이한' 특징 때문에 같은 종이라고 할 수 없는 집단, 그래서 따로 변종이라고 분류할 수밖에 없는 집단을 말한다. 하지만 어느 정도 특이해야 '매우 특이한' 걸까.

기형도 그렇다. 생물의 다양한 세계를 가만히 살펴보면 한 종 안에서도 개체마다 조금씩 차이가 난다. 생김새는 물론 구조도 크게 다르기 일쑤다. 그런 식으로 차이가 심한 생물, 그중에서도 해로운 특징들을 가진 종류를 그 종의 기형이라고 부른다. 이때도 변종에서와 똑

같은 문제가 발생한다. 대체 차이가 어느 정도 심하면 기형일까. 그러나 이 기준이 불분명하다고 해서 그 반대로 기형이나 변종이 없다고는 할 수 없다. 정말 심하게 다른 생물들이 태어나는 건 분명한 사실이니까.

다윈도 이런 혼란을 한두 번 겪은 게 아니었다. 갈라파고스 군도에 사는 새와 남아메리카 대륙에 사는 새를 비교하여 분류했을 때도 그랬다. 그리고 이것을 다른 학자들이 분류하는 방식과도 비교해 보았다. 그때 다윈은 종과 변종을 구별하는 것이 얼마나 애매한지를 뼈저리게 느꼈다. 그뿐만이 아니었다.

다윈이 채집한 갈라파고스 군도의 핀치 새들을 영국 조류학자에게 맡겨 보았더니, 예상과 달리 4속 13종으로 분류될 만큼 서로 종이 다르지 않았던가. 다윈은 자신의 오랜 경험과 자료를 이용하여 종과 변종과 기형을 분류하는 것이 얼마나 어려운 문제인지 이야기한다. 그러고서 단호하게 결론을 내렸다.

종과 변종을 구별하는 건 불가능하다. 만일 어떤 변종이 번영하여 원래의 종보다 수가 많아지면 변종은 종이 되고, 원래의 종은 변종으로 분류해야 한다. 변종의 특징(형질)이라는 것도 개체들 사이의 차이보다 크다는 것이지, 변종의 특징이라고 분명히 정해진 것은 없다.

다윈은 종과 변종과 기형을 완벽하게 구분하는 것이 매우 곤란하다고 주장했다. 그리고 개체 사이의 차이가 더 심해지면 기형이 되고, 기형이 더 심해지면 변종이 된다고도 했다. 그리고 이게 더 심해지면 마침내 새로운 종이 탄생한다. 짜잔!

종 사이의 차이를 구별하는 것도 어려운데 그 차이가 시간이 갈수록 더 커진다니 생물분류학자들은 어쩌란 말인가. 하지만 생물학자들의 사정이 어찌 되었건 그런 식으로 기형은 변종으로, 변종은 새로운 종으로 변해 간다. 그리고 이 종으로부터 또 다른 기형이 태어나고 그리하여 종에서 기형, 변종으로 이어지는 수레바퀴는 영원히 돌아간다.

물론 이 수레바퀴는 기나긴 시간 동안 눈에 보이지 않을 정도로 천천히 돌아간다. 하지만 아무리 많은 시간이 걸린다 해도 종은 변화한다. 종도, 변종도, 기형도 고정되어 있는 게 아니라, 다른 것이 되어가는 과정을 힘차게 밟고 있다. 종과 변종과 기형이 마구 변해 가는 과정에 있다는 것. 이것이야말로 『종의 기원』의 주제이며 다윈이 평생에 걸쳐 입증하고자 했던 핵심 과제였다.


혹시 괴물을 보신 적이 있는가? 얼마 전 뉴스에서 다리가 여섯 개 달린 양이 태어났다고 하던데 그런 건 괴물일까, 아닐까. 생물학에서는 다리가 여섯인 생물을 곤충으로 분류한다. 그럼 이 양이 곤충일까? 그건 안 될 말이고, 그러면 생긴 모양대로 양이라고 하면 그만일까? 그런데 양이라고 하기에는 너무 괴상하지 않나?

또 어떤 보도를 보니 네발로 걷는 다섯 남매가 터키에서 발견되었다고 한다. 이들은 열여덟 살에서 서른네 살에 이르는 성인들인데, 다 큰 사람들이 손발을 다 이용해서 걸어 다닌다. 이런 사람들은 사람일까, 괴물일까.

기형이란 말은 이렇게 대답하기 곤란할 때 쓰라고 만든 말이다. 사람이 아니라고 할 수는 없고 그렇다고 보통 사람이라고 하기에는 너무 특이할 때.

예로부터 이런 이상한 아기가 태어나면 사람들은 당황해서 어쩔 줄을 몰랐다. 우리 조상들은 이런 경우에 "전생에 무슨 죄를 지었기에!" 하며 혀를 끌끌 찼다. 사람으로 태어나기 전에 어떤 죄를 지었기 때문에 그런 이상한 모습으로 태어났다고 생각한 것이다.

서양인들, 특히 기독교를 믿는 서양인들은 조금 다르다. 세상 모든 일은 신이 주관하시는데 신은 왜 저런 기이한 형태(즉 기형)를 만들어 내셨을까, 하는 의문을 품는 것이다. 신의 실수로 저런 기형이 태어난 것일까? 신은 실수를 하지 않는다고 믿은 사람들은 고민 끝에 그런 생물을 몬스트로시티(monstrosity)라 불렀다. 몬스트로시티는 어디선가 많이 들어 본 몬스터(monster)와 친척뻘 되는 단어다. 영어 공부 삼아 사전에서 monster를 찾아보자.

monster 명사.

1. 괴물, 도깨비

2. 기괴한 모양을 한 동물, 식물, 사람

3. 극악무도한 사람, 사람 같지 않은 사람

4. 거대한 동물, 식물, 물건

5. 무서운 위력이 있는 것


아하, 뭔가 기괴한 모양을 한 동물이나 식물이나 사람을 가리키는
단어구나! 그러니까 생김새가 극히 비정상적이거나 힘이 무지무지하
게 세거나 하면 그걸 몬스터라 부르는 것이다. 비정상적인 모양으로

태어난 존재. 다리가 여섯 달린 양도 그러니까 몬스터, 즉 기형인 것이다.

서양인과 우리나라 사람 중 어느 쪽의 해석이 더 그럴듯한가. 기형인 생물을 보고 "흐이구, 전생에 무슨 죄를 지었기에……." 하고 탄식하는 쪽과 "신의 저주를 받은 괴물이 나타났다."라고 외치며 불길한 징조로 해석하는 쪽.

판단은 여러분의 자유다. 어느 쪽을 선택했든 간에 부정할 수 없는 사실이 한 가지 있다. 다윈 말대로 만일 기형이 언젠가는 변종이 되고 또 그 변종이 언젠가는 종이 된다면, 이 세상에 존재하는 모든 종들의 기원은 기형, 즉 괴물(몬스터)이라는 사실이다. 그럼 새로운 종을 낳은 존재는 하나님이 아니라 괴물이 되는 건가?

● 지금까지의 이야기를 정리하는 시간
1. 우리가 기르는 식물이나 동물에는 수많은 변이들이 생겨난다.
2. 인간은 유용한 변이가 일어난 생물을 '선택'해서 짝짓기를 시키고 가루받이를 시킨다.
3. 그러면 그 변이가 점점 더 강해져 새로운 종이 태어난다.

여기까지는 여러분도 어렵지 않게 이해할 수 있을 것이다. 하지만 이건 어디까지나 인간 사회 안에서의 이야기다. 그래서 다윈은 여기에 그치지 않고 스스로 새로운 문제를 던졌다. 가만히 생각해 보면 자연 속에서 사는 동식물들에게도 수많은 변이가 생겨난다. 만일 자연 속에도 인간과 같은 존재가 있다면 어떻게 될까? 즉 변이가 생긴 생물들을 선택하여 짝짓기를 시켜 주는 존재만 있다면 자연 안에서도 얼마든지 새로운 종이 태어나지 않겠는가?

문제는 그 존재가 과연 자연에 있느냐는 것이었다. 누군지는 알 수 없지만 결정적인 선택을 해 주는 존재, 그런 'X맨'('보이지 않는 손')을 찾아내는 것이야말로 다윈의 과제였다. 앞에서도 여러 번 얘기했지만 많이 변한다는 건 무척이나 중요한 사실이다. 하지만 많이 변한다고 해서 반드시 새로운 종이 태어난다고는 할 수 없다.

과연 다윈은 저 숲 속에서, 저 깊은 바다와 푸르디푸른 하늘 위에서 인간처럼 선택할 수 있는 존재를 찾아냈을까. 물론 다윈은 이 문제를 훌륭하게 해결하였고 그 업적으로 인하 역사상 가장 위대한 과학자가 되었다. 비교해서 선택하는 존재는 어디에 있을까? 다윈이 찾아낸 'X맨'은 과연 누구였을까?

# 죽느냐 사느냐
# 그것이 문제로다!

**오래된 문제**

자연계의 'X맨'을 찾아내기 위해 다윈이 뽑아 든 회심의 카드는 '생존경쟁'이었다. 생존경쟁이란 말 그대로 생존을 위해 발버둥치는 것이다. 먹을 것을 찾아 산전수전 다 겪는 것도 생존경쟁이고 먹이 하나를 두고 같은 종들과 다투는 것도 생존경쟁이다. 식물이 다른 식물보다 햇빛을 더 많이 흡수하기 위해 발돋움하는 것도 생존을 위한 경쟁이다.

생존경쟁에서 살아남아야만 계속 살 수 있고 어른이 되어 자손들을 남길 수 있다. 한마디로 생존경쟁에서 살아남는 것은 생물에게 가장 중요한 일이다. 이것은 다윈이 몇십 년 동안 간직해 온 질문과 깊이 관련된 문제였다. 다윈은 비글호를 타고 다닐 때부터 늘 궁금했다. 도대체 왜 어떤 생물들은 멸종했고 또 어떤 생물들은 살아남아 현재 우리와 함께 살고 있는지, 그 비밀을 알고 싶었던 것이었다.

생존경쟁은 『종의 기원』의 핵심이기도 하지만, 평생의 의문에 대한 해답이기도 했다. 또 그동안 진화론자들이 번번이 해결을 못 하고 무릎을 꿇었던 물음에 대한 답이기도 했다.

이 세상의 수많은 생물들은 언젠가는 죽는다. 충분히 오래 사는 것들도 있지만 대부분은 일찍 죽음을 맞이한다. 뜯어 먹을 풀이 부족해서 굶어 죽거나 어느 해 겨울에 너무 추워서 얼어 죽기도 한다. 또 한 생물이 너무 많이 죽으면 그 생물을 잡아먹고 사는 동물들도 비슷한 시기에 대량으로 사망한다. 먹이가 줄어들었으니까 당연한 결과다.

생물의 목숨을 파괴하는 원인은 여러 가지이다. 알이나 아주 어린 새끼는 죽을 가능성이 더 크다. 너무나 연약하기 때문이다. 다른 식물들이 무성하게 살고 있는 땅에서 돋아나는 싹들은 더 쉽게 죽는다. 경쟁자가 너무 많기 때문이다. 다윈은 이걸 확인하기 위해 실험도 해 보았다.

나는 길이 90센티미터, 너비 60센티미터인 한 귀퉁이 땅을 일궈 풀을 뽑고 다른 식물로부터 방해가 없도록 해 놓았다. 그런 다음 토종 잡초의 싹이 돋아날 때마다 일일이 표시를 해 두었다. 그런데 357포기 가운데 295포기 이상이 주로 민달팽이와 곤충들의

습격을 받아 파괴되고 말았다. 풀을 깎은 지 오래
되었거나 가축들이 뜯어 먹게 내버려 둔 잔디
밭에서 풀을 다시 자라게 하면, 강한 식물들이
약한 식물들을 점차로 죽인다.

357포기나 되던 식물 중에서 295포기가 죽어
버린 것이다. 주기적으로 덮치는 혹독한 추위나 가뭄도 생물 종을 대
량으로 파괴한다. 다윈이 실제로 조사해 보니 1854년과 1855년 겨울
에 자기 소유지의 새들 중 5분의 4가 죽었다. 참으로 많은 생물이 태
어나서 많은 생물들이 죽어 간다.

이런 얘길 쓸 때 다윈의 머릿속에는 아마도 일찍 죽은 자녀들의 얼
굴도 함께 떠올랐을 것이다. 10남매 중 둘째 딸 앤은 10년 정도밖에
살지 못했고 셋째 딸 메어리는 태어난 지 겨우 3주 만에 죽었다. 막내
찰스도 세 살 때 사망했다. 태어나는 존재는 모두 죽는다. 개중에는
너무 일찍 죽는 것들도 있다.

죽음의 문제를 한동안 생각하노라면 어느덧 슬픈 감정이 밀려
온다. 다윈이 죽고 그 자녀들도 모두 죽었듯이, 나나
이 책을 읽는 여러분이나 모두 언젠가는 죽을
것이다. 그것은 돌이킬 수도 없고 어찌할
수도 없는 사실이다.

생각 있는 사람이라면 이 사실을 알 것이요,

감정을 가진 인간이라면 슬프지 않을 수 없다. 죽음을 생각할 때면 늘 신라 경덕왕 때의 중 월명사와 그의 노래 '제망매가'가 떠오른다. 자기보다 먼저 죽은 누이동생을 그리며 지어 불렀다는 슬픈 노래.

살고 죽는 길은
바로 여기 있으매 두려워지고
나는 간다 말도
다 이르지 못하고 갔느냐.
어느 가을 이른 바람에
여기저기 떨어지는 잎처럼
같은 가지에 나고서도
가는 곳조차 모르는구나.
아! 극락세계에서 너를 만나 볼 나는
도를 닦으며 기다리련다.
　　　－『삼국유사』 제5권에서


　한 부모에게서 태어난 여동생, 그토록 살갑던 여동생이 먼저 죽었다. "오빠, 저는 죽어요. 먼저 가요."라는 짧은 말 한마디도 못 하고 저 어두운 죽음의 세계로 가 버렸다. 가을날 한 줄기 가녀린 바람에도 후드득 떨어져 버리는 저 나뭇잎들보다 나을 거 하나 없는 게 인간의 신세다. 극락세계에서나 만나 볼 수 있으려나.

월명사의 노래는 비록 짧지만 그 덧없는 슬픔은 1,300년이라는 긴 세월의 강을 건너 오늘날의 우리에게까지 짙게 전해 온다. 죽음 앞에서 웃을 수 있는 자, 그 누구랴! 다윈의 슬픔도 월명사의 슬픔과 다르지 않았다. 인간으로 태어난 자 모두의 슬픔이요 두려움일 것이다.

인간은 죽음을 두려워한다. 그렇기 때문에 언젠가는 죽는다는 사실을 깜박깜박 잊기도 한다. 자연을 바라볼 때도 그렇다.


생물들은 살아남기 위해 발버둥을 친다는 사실, 자연 어디를 보더라도 그렇다는 사실, 이걸 입으로 인정하는 것보다 쉬운 일은 없다. 하지만 그런 사실을 항상 명심하는 것만큼 어려운 일 또한 없다. 이 점을 깊이 새겨 두어야 한다. 그렇지 않으면 자연의 질서와 풍부함과 멸종과 변이를 이해할 수 없다.

자연은 가끔 기쁜 표정을 지으며 웃기도 한다. 식량이 남아도는 행복한 때도 있다. 하지만 우리는 외면하고 싶어 한다. 주변에서 한가롭게 지저귀는 새들이 곤충이나 씨앗을 먹고 살아간다는 사실, 그리하여 그 새들이 끊임없이 식물의 생명을 파괴하고 있다는 사실을 외면한다. 혹은 자주 잊어버린다.

그리고 그 새나 그 새들의 알과 새끼들이 무서운 짐승들에게 얼마나 많이 잡아먹히는지를 잊고 있다. 지금은 식량이 남아돌지만 앞으로도 매년, 매 계절 이렇지는 못하리라는 걸 명심하지 않는다.

동식물만 이런 게 아니다. 우리 인간도 현대 의학이 발달하기 전, 그러니까 불과 100~200년 전만 해도 많이 태어났고 많이 죽었다. 죽느냐, 사느냐 하는 그 갈림길에서 살아남은 아이들만이 어른이 될 수 있었고, 결혼을 하고 자식을 낳을 수 있었다.

태어난 지 100일 되는 날 백일잔치를 하는 것도, 태어난 지 1년 되는 날 돌잔치를 베푸는 것도 예전에는 100일이나 1년이 지나기 전에 많은 아이가 죽었기 때문이다. 그러니까 백일잔치나 돌잔치에는 살아남은 걸 축하하며 앞으로도 오래오래 잘 살라는 뜻이 담겨 있는 것이다. 집에 할머니나 할아버지가 계시면 여쭤 보라. 형제자매가 몇 분이나 태어나셨고 그중 몇 분이나 어린 시절에 죽지 않고 살아남으셨는지.

어제까지 멀쩡하게 살아 있던 사람도 그다음 날 바로 죽는 일이 생긴다. 아무리 건강하고 부자인 사람도 언젠가는 죽게 마련이다. 태어난 것은 모두 죽어야만 한다. 이것이 우리 삶의 첫 번째 신비다.

그런데 우리 삶에는 불행인지 다행인지 또 하나의 신비가 있다. 그렇게 많이 죽는데도 이 지구에는 너무나 많은 생물이 무수하게 살아가고 있다는 신비. 이 세상이 생긴 이래 그토록 수많은 죽음이 있었지만 오늘도 저 하늘과 들판과 깊은 숲 속, 바다에는 저토록 찬란한 생명들로 넘쳐흐르고 있지 않은가.

한편으로 이 지구의 자연은 참 비정해 보이지만 다른 한편으로는 죽어 갈 새끼들보다 더 많은 새끼를 낳을 수 있게 해 주니까 자연은 풍성한 것이기도 하다. 많이 태어나고 많이 죽는다. 그리고 소수만 살아남는다.

소수만 살아남는다. 소수는 살아남는다! 맞다, 맞아. 바로 이거야. 풍성한 자연은 우리에게 넘치도록 많은 생명체들을 낳아 준다. 그중 대다수는 죽지만 소수는 살아남는다. 만일 생물이 새끼를 많이 낳을 수 없었더라면, 이 지구의 모든 생명체는 옛날 옛날에 다 죽었을 거다.

그러고 보면 다윈의 자식들도 10남매 중에 셋은 일찍 죽었지만 그 후로도 오랫동안 일곱은 살아남았다.

## 누가 죽고 누가 사는가?

다윈은 이런 질문을 던졌다. 과연 어떤 생물이 죽지 않고 자라서 어른이 될까? 엄마 개구리가 예쁘고 동그란 난자를 잔뜩 낳아 놓으면 아빠 개구리들이 나타나서 허연 연기 같은 정자를 분무기로 뿌리듯이 뿌려 댄다. 그 무수한 정자들 중 소수만 난자들과 결합하여 올챙이가 될 것이다. 그렇게 태어난 올챙이들 중 소수만이 살아남아 개구리가 될 것이다. 그 소수는 어떤 개구리들일까.

봄철의 반갑지 않은 손님인 꽃가루를 생각해 보자. 봄이 오면 양분을 가득 담은 꽃가루들이 온 누리에 휘날린다. 몇천 킬로미터까지 멀리 날아가는 꽃가루들도 있다. 그중 대다수는 꽃을 피워 보지도 못하

**생물의 번식** 거품처럼 무수하게 떠 있는 개구리 알들(위), 바람에 날려 흩어지는 민들레 씨앗(아래 왼쪽), 꽃가루를 방출하는 소나무 꽃(아래 오른쪽)의 모습이다.

고 죽지만 소수는 살아남는다. 살아남아 찬란한 꽃을 피우며 제 어미나 아비처럼 한세상을 살다 갈 것이다.

어른이 되어 자손을 낳으면 훗날 자신은 죽더라도 자기 자손이 뒤를 이을 것이다. 그 전에 죽어 버리면 뒤를 이을 자식도 못 낳는다. 어른이 되기 전에 죽느냐 사느냐, 그야말로 일생일대의 문제가 아닐 수 없다.

그럼 어떤 것은 살아남고 어떤 것은 죽을까. 비글호에서 돌아온 뒤로 스무 해 동안 다윈의 머릿속을 떠나지 않은 문제는 바로 이것이었다. 왜 어떤 종은 자손을 낳고 그 자손이 또 자손을 낳으면서 오늘날까지 살아남아 있고, 다른 종은 참혹하게 멸종하여 화석으로밖에 남아 있지 않은 것일까? 살고 죽는 문제는 우연일까, 아니면 어떤 규칙이 작용하는 것일까?


우리도 다윈을 좇아 이런 생각을 한 번쯤 해 보자. 동식물이든 사람이든(물론 사람도 동물이지만) 현재 살아 있다는 것은, 언젠가 죽을 고비가 있었는데 그 고비를 용케 넘기고 나서 살아남았다는 걸 뜻한다. 그 고비를 넘길 때는 남의 불행이 나의 행복일 경우도 있다.

예를 들어, 호랑이에게 쫓기고 있는데 호랑이가 내 옆의 동료를 잡아가서 내가 살아나는 경우. 혹은 먹이가 부족한데 내 주변의 동료들이 죽어서 다행히 내가 먹을 게 부족하지 않았을 경우.

이런 걸 인간 세상에 적용하면 슬프고도 무서워진다. 네가 죽어야 내가 산다? 참 우울한 이야기다. 그런데 다윈은 왜 이런 우울한 생각을 했을까. 목숨 걸고 쫓고 쫓기는 동물들을 자주 보았기 때문일까? 햇빛 한 줌이라도 더 받아 보겠다고 키가 훌쩍 커진 식물들을 너무 많이 보았기 때문일까? 아니면 물과 광물질을 조금이라도 더 흡수해 보겠다고 길게 뻗어 나간 뿌리들을 보았기 때문일까?

그러나 이게 전부가 아니었다. 다윈의 가슴 밑바닥에는 당시 영국 사회의 모습, 세계를 돌아다니며 목격한 인간들의 처절한 모습이 자리 잡고 있었다.

산업 혁명 이후 영국이나 프랑스 같은 선진 산업 국가에서는 값싼 물건들이 대규모로 생산되었고, 자본가들은 이 물건들을 팔아서 엄청난 돈을 벌었다. 자본가들은 더 많은 돈을 벌기 위해 더 많은 공장을 짓고 날이면 날마다 노동자들을 착취하고 수탈했다. 여성이든 어린이든 가리지 않고 그들의 피땀을 최대한 쥐어짜 냈다.

노동자들은 장시간 노동에 적은 월급으로 겨우 입에 풀칠을 하며 근근이 살아갔다. 그나마 그런 직장이라도 갖고 있는 사람들은 살아남았지만 취직을 못 하거나 회사에서 해고된 실업자들과 그 가족은 굶어 죽고 병들어 죽었다.

자본가들은 월급을 덜 주기 위해 남자 어른들 대신에 여성과 어린이들을 고용하는 한편 최신 기계들을 점점 더 많이 들여놓았다. 1812년에는 기계 때문에 일자리가 줄어들었다고 생각한 노동자들이 기계를 부숴 버리는 러다이트 운동이 곳곳에서 일어났다. 얼마나 실업 문

1800년대 중반 영국의 담배 공장 수없이 많은 여성노동자들이 열을 지어 일하고 있다. 이 시대에는 어른 남자는 물론 어린이와 여성들도 혹독한 노동을 했다.

제가 심각했으면 기계를 때려 부술 생각을 다 했을까.

다윈이 열 살 때인 1819년 영국에서는 '공장법'이라는 법률이 제정되었다. 이 법률에서는 아홉 살이 안 된 어린이들은 노동을 시키지 못하게 했고, 아홉 살이 넘었더라도 하루에 12시간 이상 노동을 시키지는 못하게 해 놓았다. 공장에 아홉 살도 안 된 어린이들이 얼마나 많았으면, 하루에 12시간 이상 일을 시키는 공장이 얼마나 많았으면 그걸 법으로 금지해야 했을까?

1830년부터 1831년까지는 농부들이 탈곡기를 파괴하는 운동을 벌이기도 했다. 그리고 1833년에는 열여덟 살 아래의 아이들에게는 장시간 노동을 시키지 못하게 하는 '새로운 공장법'이 제정되었다.

당시 떵떵거리며 잘나가던 선진 산업 국가들의 화려한 모습 뒤에는 이처럼 어두운 그림자가 있었다. 이렇게 돈만 밝히는 자본가들이 다른 나라 사람들이라고 봐줄 리 없었다. 오늘날 선진국이라 불리는 영국, 프랑스 같은 나라들은 당시에 다른 나라 사람들을 노예로 삼으며 착취와 수탈을 밥 먹듯 했다.

이 참혹한 시대에 문명 사회 유럽의 한복판에서 사생결단의 투쟁이 벌어지기 시작했다. 『종의 기원』이 출간되기 11년 전인 1848년, 프랑스에서는 2월 혁명이 일어났고 마르크스와 엥겔스는 '공산당 선언'을 발표하였다. 이 선언에서 두 사람은 노동자들이 단결하여 자본가와 투쟁할 것을 호소하였다.

다윈은 어두운 당대의 현실을 조용히 바라보았다. 자연을 보면 사회 현실이 겹쳐졌고, 사회를 볼 때는 격렬한 자연의 모습이 떠올랐다. 생존경쟁은 자연과 사회를 가리지 않고 어디서나 벌어지는 보편적 현상이었다.

특히 인간끼리의 투쟁은 심각했다. 서양 백인들이 착취하고 학살하던 원주민들을 보면서 다윈은 원주민들이 얼마 안 가서 멸종할지도 모른다는 생각에 치를 떨었다. 백인들은 왜 원주민들을 총으로 쏴 죽이고 살아남은 자들을 끌고 와 평생 노예로 부려 먹는 것일까? 돈을 많이 번 자본가들은 왜 그 돈을 노동자들과 사이좋게 나눠 쓰지 않을까?

인간끼리 벌이는 생존경쟁은 물론 슬프고 괴로운 일이다. 그리고 반드시 없애야 할 불행이다. 그러기 위해서라도 우리는 인간이 왜 다른 인간들을 죽이는지 생각해 보아야 한다. 그 이유가 꼭 뭔가 부족해서만은 아닌 것 같다.

미국처럼 돈도 많고 석유도 많고 농사도 잘되고 첨단 제품들로 넘치는 나라, 이런 나라가 먹을 것이 부족하고 살기 힘들어서 약소국들을 침략하여 군인, 민간인, 아이, 어른 할 것 없이 큰 피해를 주는 것일까?

인간은 왜 다른 동식물이 아니라 같은 인간들과 목숨 걸고 싸우는 걸까? 다윈에 따르면 인간과 공통점이 가장 많은 존재가 바로 인간이기 때문이다. 만일 사람들이 갖고 싶어 하는 물건이나 살고 싶어 하는 장소가 모두 다르다면 싸울 일이 손톱만큼도 없다.

나는 쌀과 고기와 야채를 먹고 너는 쇳조각을 먹고 저이는 조약돌을 먹고 또 어떤 앤 바닷물을 먹고 산다면 싸울 일이 없다. 나는 땅 위에 집을 짓고 살고 너는 나무 위에서 먹고 자며, 저 사람은 땅 밑에서 살고 또 누구는 바닷속에서 산다면 자리를 다툴 필요도 없다. 한데 같은 종인 인간들은 비슷한 먹을거리를 먹고 비슷한 장소에 산다는 게 문제다.

인간들은 수많은 자식을 낳는다. 그런데 살

장소와 먹을거리는 무한하게 많지 않다. 그러므로 같은 장소, 같은 먹을거리를 두고 경쟁이 벌어진다. 충분한 음식과 집을 구하지 못하면 결국 굶어 죽거나 얼어 죽을 수밖에 없다. 인간과 인간은 서로 돕기도 하지만 한편으로는 서로 경쟁하는 관계이기도 하다.

인간과 기린은 최소한 그렇지는 않다. 기린이 사는 장소와 먹을거리가 인간과 많이 다르기 때문이다. 종이 다르니까 당연한 결과다. 인간과 사과나무의 관계는 더 그렇다. 도리어 인간은 사과나무에 의존하며 무척 고마워하는 관계다. 사과나무는 사과나무대로 인간의 오줌과 똥을 양분으로 먹고 또 인간이 죽으면 그 시체의 양분을 빨아 먹으며 고마워할 것이다(만일 고마워할 수만 있다면).

저 깊은 바닷속의 고기들과는 경쟁하려야 경쟁하기도 힘들다. 일단 만나야 경쟁을 하든 협력을 하든 하지. 야구 선수는 야구 선수와 경쟁하지 수영 선수나 격투기 선수와 경쟁하지는 않는다. 서로 종목이 다르기 때문이다.

인간과 다람쥐는 약간의 경쟁 관계에 있다. 도토리를 주워 도토리묵을 쒀 먹으니 인간들은 다람쥐의 먹을거리를 빼앗는 셈이다. 도토리가 많을 때는 괜찮지만 어떤 이유에서인지 도토리가 너무 적게 열리는 해에는 다람쥐의 목숨을 빼앗는 결과를 초래할지도 모른다. 그나마 도토리가 다람쥐에게는 식량이지만 우리에게는 어쩌다 먹는 음식이고, 또 그것 말고도 먹을 것이 많으니 다행이라고나 할까.

요즘 문제 되는 건 도토리 정도가 아니다. 인구가 급속도로 늘어나면서 다른 동식물들이 살아갈 공간을 빠른 속도로 빼앗고 있기 때문이다. 호랑이나 멧돼지가 살 만한 넓은 숲을 가차 없이 없애 버려서 호랑이는 그림자도 찾아볼 수 없다. 극소수 살아남은 멧돼지나 곰이 마을을 어슬렁거리다가 죽임을 당했다는 소식도 간혹 들려온다.

인간이 동식물들의 공간만 빼앗는 건 아니다. 사람이 사람의 공간을 빼앗기도 한다. 어떤 사람은 집이 없어 지하도에서 종이 상자를 깔고 자는데, 어떤 자들은 집이 수도 없이 많다.

2006년에 우리나라 통계청이 보고한 바에 따르면, 집을 가장 많이 갖고 있는 사람 열 명이 총 약 5천 채를 갖고 있었다. 한 사람이 500채 정도씩 갖고 있는 셈이다. 그중 1위는 무려 1,083채를 소유하고 있었다. 그토록 비정상적인 재산을 긁어모으기 위해, 이 부자들은 부동산 투기를 비롯하여 얼마나 많은 부정과 비리를 저질렀을까.

한편 판잣집이나 비닐하우스, 움막, 동굴 등에서 사는 사람들도 10만 9512명이나 된다. 돈만 좇는 사람들에게 집은 가족들과 살기 위한 장소가 아니라 그저 돈벌이를 위한 물건이다. 돈을 벌기 위해서라면 남들이 움막에서 살든 동굴에서 살든 상관하지 않는다. 가난한 사람들이 습기와 곰팡이, 오염된 공기로 인해 죽어 가든 말든 신경 쓰지 않는다.

이들이 산업 혁명 시대의 돈에 미친 자본가들과 뭐가 다른 걸까. 먹을거리 문제도 이와 비슷하다. 포장도 안 뜯은 음식물들, 조금 먹다 남긴 음식물들로 쓰레기통이 넘쳐 나는데도, 학교에는 결식아동들이 넘치고 홀로 사는 가난한 노인들은 끼니를 거른다. 어떤 사람들은 굶어 죽는데, 어떤 사람은 너무 먹어서 비만에 시달린다. 우리 사회는 다윈이 바라보던 자연과 얼마나 다른 걸까.

다윈은 이처럼 인간이 다른 인간들을 착취하고 또 서로 격렬하게 경쟁하는 모습을 주의 깊게, 한편으로는 안타까운 마음으로 바라보았다. 인간에게 가장 무서운 건 호랑이도 아니고 오랜 가뭄과 큰불도 아니다. 먹을 것과 집을 빼앗는 인간이야말로 가장 무서운 존재다. 같은 원리로 보자면 기린은 같은 종인 다른 기린과 경쟁하고 사과나무는 다른 사과나무와 경쟁한다. 아니, 거의 투쟁을 한다고 말해야겠다.

목이 짧은 기린은 식량이 부족한 해에 목이 긴 기린보다 많이 죽을 것이다. 키 큰 식물들의 넓적한 잎사귀에 가려 햇빛을 잘 받지 못하는 키 작은 식물들은 비실비실하다가 죽고 갈 것이다. 경쟁은 같은 종 사이에 가장 심하게 일어난다. 다음에는 종과 그 종의 변종 사이에서 심하게 일어난다. 같은 종 사이에서보다 공통점이 적을 테니까 당연한 일이다.

## 조금만 더 나으면 돼!

보통 생물학자들은 어떤 생물에게 가장 중요한 것은 환경이나 먹을 거리라고 생각하였다. 그런데 다윈은 그보다 더 중요한 게 있다고 주장했다. 예를 들어, 기린 한 마리가 들판에서 나뭇잎을 뜯어 먹고 있다고 해 보자. 그 기린에게 가장 중요한 건 과연 뭘까. 물론 기온도 중요하고 나뭇잎도 많아야 한다. 하지만 가장 중요한 것은 다른 기린보다 목이 기냐 짧으냐다.

특히 먹이가 매우 부족한 상황에서는 더 그렇다. 좀 더 높은 곳의 잎을 따 먹을 수 있을 만큼 목이 길어야만 한다. 만일 천적인 사자가 자주 나타나는 상황이라면 빨리 달리는 기린이 더 많이 살아남을 것이다. 기린은 물 없이도 한 달은 버틸 수가 있다. 하지만 만일 비가 한 달 이상 내리지 않는 상황에서는 그보다 물을 더 적게 먹어도 되는 놈이 생존에 더 유리할 것이다. 이처럼 아주 작은 차이 때문에 삶과 죽음, 운명이 뒤바뀔 수 있다.

어떤 기린이 자손을 남기고 그 뒤로도 오래도록 행복하게 살 수 있느냐 없느냐는 다른 기린보다 좀 더 나으냐 아니냐에 달려 있다. 다른 기린보다 좀 더 목이 길거나 좀 더 잠귀가 밝거나 좀 더 빨리 달리거나 물 없이 좀 더 오래 견딜 수 있거나. 이것이야말로 가장 중요한 문제다. 생물들은 살아가면서 다른 많은 생물과 관계를 맺는데, 그중에서 가장 중요한 것은 같은 종의 생물과 맺는 관계이다.

다윈은 '민들레에 달린 아름다운 털'처럼 시시한 특징을 예로 들어 설명한다. 털은 비록 사소해 보이지만 매우 중요하다.

털이 달린 씨앗은 '땅바닥이 다른 식물들로 빈틈없이 덮여 있을 경우'에 너무나 유리하다. 이 경우 털 달린 씨앗들은 땅바닥에 떨어진 뒤에도 계속 흩날리며 멀리 퍼져 나갈 수 있다. 그리하여 언젠가는 '비어 있는 땅바닥에 떨어질 수도 있다'.

털 없는 씨앗은 떨어진 바로 그곳, 경쟁자들이 수북한 그곳에서 죽고 말지만, 털 달린 씨앗 대부분은 멀리멀리 날려 가 빈 곳에 떨어져 새로운 생명으로 자라날 것이다. 그러니까 털처럼 극히 작은 특징, 말 그대로 털끝만 한 차이가 생존을 좌우한다. 같은 종의 다른 생물과 비교하여 좀 더 나아야만 살아남는다.

조금 우울한 얘기다. 다 아는 사실이라 해도 직접 맞닥뜨리면 우울한 감정이 들 수밖에 없다. 그런 일은 자세히 알고 싶지도 않고 가능하면 내게 안 일어나길 바라는 것이 인간이기 때문이다.

하지만 슬퍼하지는 말자. 인간에겐 다른 면모도 있다. 허구한 날 전쟁을 일삼는 전쟁광도 있지만 전쟁에 반대하고 평화를 위해 노력하는 반전 평화 운동가들도 많다. 그리고 당신도 당신의 친구도 전쟁을 싫어하고 평화를 원할 것이다. 이주 노동자를 착취하는 자본가들도 많지만 거기에 맞서 그들의 인권과 복지를 위해 애쓰는 사람도 많다. 인간의 생존경쟁은 슬프고도 무섭지만, 더 훌륭한 사람이 되려는 마음도 경쟁심이고, 남들보다 더 베풀려는 행동 또한 경쟁이다. 선의의 경쟁이라고 할까. 그러니까 인간에게 경쟁이 꼭 나쁜 것만은 아니다.

불의의 사고로 아픔에 젖어 있는 사람에게는 수많은 사람이 벌 떼처럼 달려들어 따뜻한 마음을 아낌없이 선물해 준다. 돈도 명예도 받지 못하지만 남을 도와주려는 마음에 시간과 돈을 들인다. 남몰래 나쁜 짓을 하는 사람들도 있지만 남몰래 선행을 하는 사람들도 그에 못지않게 많다. 이처럼 사람들은 생존경쟁에서 벗어나 자신의 희생을 통해 선을 행하는 경우가 있다. 세상은 어둡기도 하지만 이처럼 밝고 따뜻한 면도 많다.

하지만 19세기에 살았던 다윈은 『종의 기원』에서 어두운 측면에 좀 더 많은 비중을 두었다. 만일 21세기에 사는 당신이 이 세상을 아름답고 평화롭게 볼 수 있다면 다윈보다 더 훌륭한 사상을 창조할 수 있을 것이다.

'희망'을 갖자!

# 진화의 비밀,
# 자연선택

### 자연선택의 등장

우리는 지금 막 무시무시하고 슬픔에 찬 생존경쟁의 밀림을 헤쳐 나왔다. 밀림의 바깥으로 나와 보면 '자연선택'이라는 초원인데, 이곳은 풍요로운 창조의 공간이다.

이제부터 『종의 기원』에서 가장 아름다운 얘기가 펼쳐질 것이다. 초원으로 내달리기 전에 잠시 지금까지의 얘기를 회상해 보자.

● 지금까지의 이야기를 정리하는 시간

1. 자연 속에서 사는 동식물에게도 수많은 변이가 생겨난다.

2. 만일 자연에서도 인간처럼 선택하는 존재가 있다면 새로운 종
   이 생겨날 수 있다.

3. 생물들은 많이 태어나고 많이 죽는다. 그것이 자연의 섭리다.

4. 자연에서는 끊임없이 생존경쟁이 벌어진다.

5. 같은 종의 다른 생물보다 조금이라도 유리하면 된다.


이제 앞서 출연했던 민들레를 다시 한 번 불러내 보자. 민들레는 털이 하나라도 많고 조금이라도 길면 살아남는 데 결정적으로 유리하다고 했다. 그래서 오늘날 우리가 도시에서 보는 민들레의 씨에도 흰 털이 가득 붙어 있다.

이번에는 그 털 달린 민들레의 자손에 대해서 생각해 보자. 털 달린 민들레의 자손들 중에서도 털이 더 많이 달린 씨앗들은 꽃을 피우고 자손을 많이 남기겠지만, 털이 덜 달린 씨앗들은 자손을 남기지 못하고 죽을 확률이 높다. 오랜 세월이 흐르며 이런 과정이 반복되면 털이 많이 달린 민들레들의 세상이 되고 적게 달린 민들레는 멸종할 것이다.

지금 우리가 살고 있는 대한민국이 바로 그런 민들레들의 세상이다. 실제 우리가 도시에서 만나는 민들레들은 한반도의 토종 민들레가 아니라 죄다 서양민들레다. 털이 많이 달린 서양민들레가 토종민들레를 밀어내 버린 것이다.


다윈은 이렇게 말했다.

다른 생물보다 유리한 변이(특징)를 가진 생물은 그 변이가 아무리 사소한 것이더라도 살아남을 기회가 더 많다. 반면, 조금이라도 해로운 변이(특징)를 가진 생물은 틀림없이 제거된다. 이처럼 유리한 변이가 보존되고 해로운 변이는 제거되는 것을 나는 자연선택이라고 부른다.

드디어 『종의 기원』에서 가장 핵심적인 단어 '자연선택'이 등장했다. 힘차게 팡파르를 울려 주자. 자연선택이란 조금이라도 유리한 특징을 가진 생물은 보존되고 해로운 특징을 가진 생물은 제거된다는 말씀이다.

그렇기 때문에 유리한 특징을 가진 생물들이 많이 살아남아 짝짓기하여 더 뛰어난 생물들이 태어나는 것이다. 그리고 해로운 특징을 가진 생물들이 일찍 제거되고 도태된다. 그런 의미에서 자연선택은 자연도태라고 말할 수도 있다.

더 유리한 생물이 많이 살아남아 자손을 많이 남기는 건 자연의 섭리다. 인간이 의식적으로 선택하는 인간 사회와 달리 자연 속에서는 그런 선택이 그저 자연스럽게 이뤄진다. '자연선택'은 '자연스러운 선택'인 셈이다. 인간 같은 선택의 주체는 없지만 자연의 섭리 자체가 그런 선택 활동을 수행한다. 다윈이 마침내 찾아낸 자연계의 'X맨', 그것은 바로 자연선택이었다!

'생존경쟁'을 얘기할 때의 자연은 매우 냉혹한 것이었다. 죽느냐 사느냐의 생존경쟁은 어디서나 볼 수 있었고, 더욱이 같은 종 사이에서 가장 치열하였다. 그런데 '자연선택'에서 자연의 모습은 영 다르다. 다윈은 이렇게 썼다.

> 인간은 이런저런 선택을 통해서 엄청난 결과를 거두었다. 그런데 자연이라고 그것을 못할 리가 있겠는가. 인간은 눈에 보이는 특징만을 골라낼 수 있지만 자연은 모든 내부 기관, 모든 체질적 차이, 모든 기능에 대해 작용할 수 있다.

> 정말 그렇구나! 인간은 더 예쁜 장미, 더 향기로운 열매를 맺는 사과나무를 고를 때, 눈이나 코 등 감각 기관으로 느낄 수 있는 특징만으로 골라낸다. 그런데 자연 속에서는 어떤 특징이든(그것이 내부 기관의 특징이든, 어떤 기능이든 간에) 그 생물의 생존에 유리하기만 하면 그 생물은 더 오래 살아남는다. 결과적으로 그 생물이 선택되어 살아남게 되는 것이다. 그 특징이 눈에 보이는 것이든 아니든 상관없이.

> 인간은 자기의 이익을 위해서만 선택한다. 그런데 인간의 열망이나 노력은 얼마나 허무한 것인가! 인간이 쓸 수 있는 시간은 얼마나 짧은가? 인간이 만들어 낸 성과는 얼마나 초라한가! 그에 반해 자연이 기나긴 지질학적 시간 동안 쌓아 온 성과는 얼마나 거대한가!

날이면 날마다 전 세계에서, 자연선택은 아무리 사소한 변이라도 자세히 조사한다. 좋지 않은 것은 제거하고 좋은 것은 모두 보존하고 축적한다. 때와 장소를 가리지 않고 기회만 있으면 각각의 생물을 그 주변의 조건에 잘 맞도록 개량하는 일을 부지런히, 말없이 계속 수행한다.

인간이 좋은 품종을 선택해서 교배시킨 것은 인간이 출현한 이후니까 길어야 몇십만 년 전이다. 그러나 지구의 자연에서는 생명이 생겨난 이래 자연스러운 선택이 계속되어 왔으니 몇십억 년 동안 그렇게 해 온 것이다. 자연선택은 인간의 선택보다 몇천 배, 몇만 배 긴 시간 동안 계속되어 왔다. 그러니 그사이에 자연에 무슨 일이든 일어나지 못했겠는가!

## 자연은 창조한다

'생존경쟁'에서 자연은 매우 잔혹했다. 바늘로 찔러도 피 한 방울 안 날 만큼 비정했다. 그러나 '자연선택'에서 자연은 날이면 날마다 전 세계 곳곳에서 부지런히 일한다. 다양한 생물들을 비교해서 좀 더 나은 생물들을 선택하고 그들이 더 많이 번성하도록 말없이 일한다. 해로운 특징을 가진 생물을 제거하는 건 매정한 일이지만, 그래도 좋은 특징을 가진 생물들은 보존되지 않는가!

지구의 조건이 변할 때마다 생물의 환경은 달라졌을 것이다. 변화된 조건에서 조금이라도 불리한 특징을 가진 개체들은 가차 없이 죽어 갔을 것이고 유리한 특징을 가진 개체들은 갈수록 번성하였을 것이다. 그러면서 수많은 종이 진화했을 것이다.

이 생각을 할 때 다윈의 머릿속에는 젊은 시절 비글호를 타고 다니며 보았던 남아메리카의 자연이 떠올랐다. 타는 듯이 아름답던 아마존의 생명력에 다시 한 번 가슴이 뜨거워졌다. 무시무시한 죽음의 힘, 그렇지만 그걸 딛고 더 풍요로운 생명체를 낳아 주는 자연의 모습. 웅대한 대자연이여, 영원하라!


이제 이런 다윈의 눈으로 세상을 둘러보시라. 새로운 세상이 눈앞에 펼쳐질 것이다. 꽃은 왜 아름다운가? 열매는 왜 달고 맛있는가? 꽃에서는 왜 향기가 나는가? 이런 질문들을 던지면 한참을 끙끙거려도 알 수 없었고 기껏해야 "꽃은 원래 아름답고 좋은 향기 나는 거지, 뭐. 열매는 음……, 응……, 원래 맛있는 거겠지." 하고 마는 게 보통이다.

벌이 맛있는 꿀을 찾고, 나비가 예쁜 꽃을 찾고, 원숭이가 맛있는 바나나를 따 먹는 것도 원래 그런 것이겠거니 하고 말았다. 혹은 전지전능한 신이 계셔서 그 모든 복잡한 질서를 완벽하게 설계하셨을 것이라고 믿어 보기도 했다. 하지만 의문이 달끔하게 가시진 않았다. 그런데 다윈이 나타나 그런 문제들을 속 시원하게 풀어 준 것이다.

꽃이 왜 아름다운지, 과일은 왜 달고 맛있는지. 일견 당연해 보이지만 아무도 대답할 수 없었던 질문에 대해 다윈은 명쾌하게 답한다. 그래서 다윈이 위대한 것이다.

다윈의 설명을 들어 보자. 식물은 몇억 년 전 지구상에 나타난 이래로 끊임없이 변화해 왔다. 초기 식물들은 주로 털 달린 꽃씨들이 바람에 날려 다른 곳으로 번식해 나갔다. 그러다가 어느 때부턴가 꽃잎이 생겨나기 시작했다.

이 세상 생물들은 모두 조금씩 다르기 때문에 꽃잎의 모양도 모두 달랐다. 주변에서 웅웅거리던 곤충들은 간혹 요상하게 생긴 꽃잎에 매혹되곤 했다. 꽃잎의 모양에 유혹당한 곤충이 다가와 이리저리 밟고 다니다 보면 어느덧 곤충의 몸은 그 식물의 꽃가루로 뒤범벅이 되었다.

한참을 돌아다니며 놀다가 지루해지면 곤충은 또 다른 곳에 있는 아름다운 꽃을 발견하고는 그쪽으로 옮겨 간다. 거기서도 향기나 미모에 취해 이리저리 훑고 다니다 보면 아까 묻혀 온 꽃가루가 이 식물의 암술에 묻게 된다. 매우 복잡할 것 같지만, 바람에 꽃씨를 날리는 식물에 비해서는 꽃가루가 암술과 만나 가루받이가 이루어질 확률이 아주 높다.

식물에는 이런저런 액체가 많이 함유되어 있다. 그중에는 액체가 좀 더 많거나 맛있는 식물도 있다. 곤충들은 맛있는 액체를 더 많이 함유한 식물을 선택해서 접근한다. 이 맛있는 액체가 바로 꿀이다.

**벌과 꽃가루** 벌은 꽃가루와 꽃꿀을 모으기 위해 꽃을 찾는다. 이 과정에서 꽃가루를 몸에 묻힌 뒤 다른 꽃으로 옮겨 가 결과적으로 꽃의 번식을 돕는다. 이처럼 곤충을 통해 번식하는 꽃을 '충매화'라고 한다.

신 나게 꿀을 먹다 보면 본의 아니게 꽃가루를 많이 묻히게 된다. 꿀이 다 떨어지면 역시나 맛있는 꿀을 담고 있는 다른 식물을 선택해서 또 꿀을 빨아먹는다. 그 과정에서 역시 아까의 꽃가루가 이 식물의 암술에 묻게 된다. 이렇게 가루받이가 이루어지면 또 하나의 생명이 태어나게 된다.

아득한 옛날 바람에 꽃씨를 날리는 식물들이 있었고, 그다음엔 아름다운 꽃잎으로 승부하는 식물이나 맛난 꿀로 승부하는 식물들도 나타났다. 그러니까 식물들이 아름답고 맛있는 꿀을 가지고 있는 건 아무 이유 없이 그런 게 아니다. 곤충들에게 맛있는 식물, 곤충들에게 예뻐 보이는 식물들이 살아남아 널리 번식했기 때문이다. 그리고 인간 또한 곤충과 마찬가지로 동물이기 때문에, 대체로 입맛이나 보는 취향이 비슷하다. 이런 과정을 거쳐 이 세상은 우리 인간이 보기에 아름답고 또 우리 입맛에 맞는 식물들이 가득하게 된 것이다. 이

것이 바로 다윈의 설명 방식이다.

원숭이와 바나나의 관계도 재미있다. 지나가던 원숭이가 향기로운 바나나를 따서 맛있게 먹는다. 이리저리 돌아다니던 원숭이는 똥을 눌 것이다. 그 장소는 아까 바나나 따 먹은 곳에서 멀리 떨어진 곳이리라. 만일 바나나의 모든 씨앗이 그냥 바나나 나무 아래에 떨어진다면 양분과 공간이 부족해서 아주 극소수만이 살아남을 것이다.

하지만 맛있는 열매 속에 씨를 넣어 원숭이 배를 통해 운반하면 멀리 떨어진 곳까지 옮겨 갈 수 있다. 그곳에서 배설되어 땅에 떨어지면 생존 가능성이 훨씬 더 높다. 원숭이는 맛있는 바나나를 먹은 대가로 바나나 씨앗을 먼 곳까지 운반해 준다. 물론 바나나나 원숭이가 이 사실을 알 까닭이 없다. 그저 자연스러운 관계에 의해 그런 신비롭고 놀라운 일이 날마다 자연계에서 벌어지는 것이다.

지금까지 보았듯이 자연계의 생물이 그토록 풍요롭고 다양한 이유는 온갖 동식물들이 서로서로 선택했기 때문이다. 생물들 사이에 신비롭고 정교한 질서가 생긴 것도 역시 자연스러운 선택 덕분이다.


봄이 오면 산에 들에 피는 진달래를 보라. 냄새도 맡아 보시라. 진달래는 향기가 없다. 조금 뒤에 피는 철쭉은 향기가 짙다. 왜 그럴까? 원래 그렇다고? 그건 과학적인 답이 아니다. 다윈이라면 다르게 말할 것이다.

진달래는 봄을 알리는 선구자처럼 일찍 피어나기 때문에 주변에

경쟁자가 거의 없다. 그러므로 굳이 짙은 향기로 곤충을 유혹할 필요가 없다. 따라서 향기가 거의 없는 것이다.

한 달쯤 뒤에 철쭉이 피어날 때는 상황이 다르다. 이미 완연한 봄이 되어 많은 꽃들이 다투어 피어나는 시기가 된 것이다. 철쭉의 향기를 맡아 보시라. 매혹적으로 짙다. 짙은 향기는 눈이 나쁜 곤충들도 멀리서 냄새 맡을 수 있도록 철쭉이 뿜어내는 유혹의 신호이다.

높은 곳에 사는 식물들의 향기는 대체로 진하다. 높은 곳은 날씨가 춥고 곤충은 추운 날씨를 싫어하기 때문에, 곤충이 방문하도록 만들려면 대단히 강한 향기를 뿜어야 하기 때문이다. 높은 지대의 식물에서 향기로운 냄새가 풍기는 것도 우연이 아니었던 것이다.


## 오묘한 조화의 비밀

다윈의 말대로 모든 생물은 주변 환경 및 다른 생물들과 복잡한 관계를 맺고 살아간다. 바람이 없으면 어찌 꽃씨를 날릴 수 있을 것이며 곤충이 없으면 어찌 꽃가루가 암술에 가 닿을 것인가. 이렇게 오묘한 조화와 친밀한 관계는 지구상 어느 곳에서도 찾아볼 수 있다. 창조론자들은 의기양양하게 말했다.

벌이, 식물이, 바람이 무슨 생각이 있고 무슨 판단을 할 수 있어서 이런 질서가 만들어졌겠는가. 최고의 지성을 갖춘 하나님이 직접 설계하셨다고 생각할 수밖에! 하나님의 아름다운 질서 속에서 동물과 식물들은 본능대로 하루하루를 살아가는 것뿐이다.

그렇지만 다윈이라면, 그리고 이 책을 읽은 여러분이라면 달리 말할 것이다.

그런 오묘한 질서는 처음부터 그랬던 게 아니라 오랜 시간에 걸쳐 이루어진 결과다. 피로 물든 생존경쟁과 긴밀한 상호 협력을 통해서 이루어진 결과인 것이다. 오늘날에도 이런 경쟁과 상호 협력은 계속되고 있다. 지금까지 그랬던 것처럼 광대한 자연의 세계 속에서는 이전의 종들이 멸종되고 새로운 종들이 무수히 탄생할 것이다. 삶이 죽음을 낳고 죽음이 삶을 낳으며 이 우주와 지구는 끊임없이 다양하게 진화해 나갈 것이다.

다윈은 동물과 식물이 서로 오묘하게 조화를 이루는 모습에 놀라고 또 놀랐다.

영국의 난초들은 대부분 꽃가루를 다른 난초로 옮겨 자손을 낳는다. 그러므로 곤충들이 이들 난초에게 놀러 와야만 한다.

이게 얼마나 놀라운 사실인지 다음 그림을 보시라.

난초의 꽃이 꼭 말벌의 등처럼 생겼다. 이 난초는 암벌의 분비물과 비슷한 냄새를 풍긴다. 수벌들은 꽃의 모양과 냄새 때문에 난초를 말벌의 암컷이라고 착각하고, 짝짓기를 시도한다. 이때 수벌의 무게 때문에 난초의 위쪽에 있던 꽃가루 덩이가 수벌의 머리 부분에 묻는다. 수벌은 몇 번 꽁무니를 움직여 보다가 '왜 안 되지, 참 이상하네.' 하고는 다른 난초에게 날아간다, 머리에 꽃가루를 잔뜩 묻힌 채.

다른 곳에서 암벌의 등과 비슷한 난초의 꽃을 본 수벌은 사뿐히 내려앉는다. 그러면 아까처럼 수벌의 무게 때문에 난초가 흔들거리면서 난초의 굽은 줄기가 꽃의 꼭대기에서 내려와 수벌의 머리 부분에 철썩 닿는다. 이때 벌이 묻혀 온 꽃가루 덩이가 난초의 암술에 묻는다. 이렇게 되면 수술의 꽃가루와 암술이 만나서 마침내 가루받이가 이루어진다.

자! 이렇게 정교한 벌과 난초의 조화를 보시니 어떤 생각이 드는 가? 유럽에는 이런 식으로 꽃가루받이를 하는 난초가 100종류도 넘는다. 방식도 여러 가지이고 여기에 참여하는 벌들도 무척 다양하다. 노랑벌난초 꽃의 교배를 돕는 수벌은 앞의 수벌과는 달리 난초에 거꾸로 내려앉는다.

이렇게 정교하고 신기한 방식을 말벌이나 난초가 스스로 생각해 냈다고 생각할 사람은 아마도 없을 것이다. 바로 이 대목에서 창조론 자들은 신이 말벌과 난초를 그렇게 설계하셨다고 생각한다.


그렇지만 다윈은 다르게 설명했다. 다윈의 설명에 따르면, 하나님 은 필요 없으며 그저 잠시 자연스러운 상상을 해 보는 것으로 충분하 다. 먼저 언젠가 우연히 말벌의 등을 아주 조금 닮은 꽃을 가진 난초 가 태어났다고 해 보자. 자연 속에는 자갈의 색깔과 모양을 닮은 물고 기, 나뭇잎이나 나무줄기를 닮은 새나 곤충이 셀 수 없이 많으니까, 암벌의 등을 아주 조금 닮는 것이 불가능하지는 않을 것이다. 혹은 그 꽃에서 수벌이 아주 좋아하는 향기가 풍기는 경우도 있을 것이다.

이런 난초들 주변에 맛있는 꽃가루나 꿀을 찾는 벌들도 있었을 것 이다. 벌들은 아무래도 암벌의 냄새와 비슷한 향기를 가진 난초 혹은 비슷한 모양이나 색깔을 가진 난초에게 먼저 끌릴 것이다. 벌들이 자 기들과 비슷한 난초의 가루받이를 돕게 되는 것은 당연한 이치다.

이 과정이 반복되면서 말벌을 더 많이 닮은 난초들은 계속 번성하고 조금 닮은 난초들은 짝짓기에 자꾸만 실패한다. 결국 짝짓기에 성공한 난초들은 점점 더 암벌의 등을 닮고 암벌과 비슷한 향기를 풍기게 될 것이다.

그리하여 오늘날 우리는 암벌과 모양도 비슷하고 냄새도 비슷한 난초를 많이 볼 수 있게 되었다. 어떤가? 다윈의 설명에서는 하나님도 필요 없고 벌이나 난초가 스스로 생각할 필요도 없다. 짝짓기를 하고 싶어 하는 벌과 난초가 자기 취향대로 살다 보면 이렇게 오묘하고도 정교한 질서가 탄생하는 것이다. 당신은 하나님을 찬양하겠는가, 자연의 오묘함을 찬양하겠는가!

식물들의 세상만 달리 보이는 게 아니다.

움켜쥐기에 적합한 사람의 손, 땅파기에 적합한 두더지의 앞발, 말의 다리, 돌고래의 물갈퀴, 박쥐의 날개 등이 모두 구조가 같고, 뼈도 같은 위치에 놓여 있다. 이들은 생김새도 다르고 특징도 제각각이지만, 다리라는 같은 기관에서 진화한 것이다. 그러므로 겉모습은 달라도 안에 있는 뼈의 위치와 수와 구조는 같다. 참으로 신기하지 않은가!

손, 앞발, 물갈퀴, 날개가 모두 같은 데서 진화한 것이라니. 하긴 인간도 어렸을 때는 네발로 기어 다니지 않는가. 기어 다닐 때 두 손은

두더지의 앞발과 박쥐의 날개 겉모양은 서로 다르지만 두더지 앞발과 박쥐 날개는 사람의 손과 마찬가지로 다리라는 같은 기관에서 진화한 것이다.

앞발과 같은 역할을 한다.

수영장에서 헤엄칠 때는 물갈퀴 달린 다리의 역할도 한다. 개구리의 물갈퀴에는 한참 못 미치지만 말이다. 사람이 갑자기 높은 곳에서 떨어질 때는 (날개도 아닌) 두 팔을 마치 날개처럼 활짝 벌리게 된다. 팔과 날개는 그만큼 유사한 것이다.

이 책을 읽는 독자들 중에 남자들은 자기의 가슴을 만져 보라. 남자의 가슴은 사춘기를 지나도 여자들처럼 부풀지 않는다. 아무리 나이가 많이 들어도 커지지 않으며 쓸모도 없는 젖꼭지만 붙어 있다. 사람이 몸에 가진 것은 모두 다 쓸모가 있게 마련인데, 남자들의 젖꼭지는 도대체 무엇에 쓰는 물건일까?

진화론에서는 이렇게 설명한다. 아주 오랜 옛날에는 남성이니 여성이니 하는 성 구분이 없었다. 그러다가 남성과 여성으로 성이 갈라지는 생물들이 생겨났다. 인간도 이런 유성 생물 중의 하나다. 여성과 남성은 겉모습은 크게 다르지만 같은 조상의 후손이기 때문에 기본 구조는 동일하다. 그러니까 성 구분이 없던 시기에 있던 젖가슴의 구조와 젖꼭지를 남성들도 함께 이어받은 것이다.

하지만 여성들만 임신을 하게 된 이후, 남성들의 경우에는 쓸모가 없어졌기 때문에 젖가슴의 흔적만 남게 되었다. 바로 이것이 『종의 기원』 14장에서 다윈이 말한 흔적 기관이다.


같은 종의 다른 개체보다 좀 더 나은 변이(특징)를 가진 생물이 살아남고 그렇지 못한 생물이 제거되는 것. 이것이 바로 자연선택, 즉 자연스러운 선택이다. 자연계에서 선택하는 주체(예컨대 인간)는 전혀 없지만, 선택 작용이 자연스레 이루어진다는 뜻이다. 생존경쟁에서 유리한 품종이 더 잘 살아남아 더 많이 번식한다는 뜻! 물론 불리한 품종은 정반대의 결과를 맞고 만다.

여기서 아주 중요한 질문 하나! 그렇다면 다윈은 왜 굳이 자연선택이라는 용어를 사용했을까? 결국 생존경쟁이 벌어지고 그로 인해 환경에 적합한 종류가 더 많이 살아남는다면 '적자생존'이라는 용어가 훨씬 더 적합하지 않은가? 자연선택이라고 하면 왠지 자연이 선택하는 것 같고, 그래서 적자생존보다 비과학적인 느낌이 들지 않는가? 하느님이나 어떤 모종의 섭리가 자연현상 전체를 잘 조절하고 주관하는 듯한 느낌이 들지 않는가?

그래서 현대 생물학자들 중에도 자연선택은 적자생존과 사실상 같은 말이고, 오히려 적자생존 쪽이 더 정확하고 적절한 용어라고 종종 주장한다. 다윈 당대에도 주변의 친한 과학자들은 자연선택이라는 핵심 용어를 적자생존으로 바꾸라고 여러 차례 권유했다. 그렇지만 다윈은 자연선택이라는 용어를 버리지 않았다. 기억할지 모르겠지만, 다윈이 『종의 기원』을 쓰기 전까지 열심히 집필했던 '큰 책'의 제목도 '자연선택'이었다. 그가 그토록 자연선택을 중시했던 이유는 대체 뭐였을까? 그리고 거의 같은 뜻으로 보이는 자연도태라는 용어는 왜 쓰지 않았을까?

이 질문에 대답하기 전에, 여러분! 지금까지 다윈이 보여 준 세상을 다시 한 번 떠올려 보시라. 단지 자연 환경이 있고, 그 환경에 유리한 자가 생존하고 불리한 자가 도태되는 그런 것이었던가? 그리고 그 속에서 피로 물든 생존경쟁은 끊임없이 벌어지고……. 만일 자연이 온통 그런 것뿐이었다면 굳이 자연선택이라는 용어는 필요치 않았을 것이다. 한데 지금까지 다윈이 보여 준 자연계의 실상은 어떠했던가! 여러분이 지금 살고 있는 이 지구의 생명계는 얼마나 다양하고 풍요로운가!

꽃의 향기와 아름다움, 말벌 암컷을 닮은 난초, 종의 경계를 훌쩍 뛰어넘은 식물과 곤충의 연애를 떠올려 보자. 세상에 꽃들은 어찌 이리도 아름답고 온갖 과일들은 어찌 이리도 맛있고 또 향기로운가? 이런저런 곤충이나 짐승들이 다소 이상하게 생긴 꽃잎에 매혹되지 않았더라면 그런 놀라운 사건들이 어떻게 시작될 수 있었겠는가. 신기한 향기나 액체에 끌린 동물들이 없었다면 꽃의 꿀이, 기막힌 향기가 어떻게 진화할 수 있었겠는가.

말벌과 난초도 그러하다. 말벌 수컷 중 몇 놈이 맨 처음 암벌과 조금이라도 비슷한 색깔이나 향기를 가진 난초에 '매혹'되지 않았다면, 그래서 그 난초를 '선택'하지 않았다면, 어떻게 식물인 난초가 동물인 암벌의 모양과 향기를 갖게 되었겠는가? 그것도 수벌이 암벌이라고 철석같이 믿게 만들 수 있을 정도로까지 계속 진화할 수 있었겠는가?

지구에 이토록 화려하고 다양한 생물들이 진화해 온 것은, 자연 환경이 따로 있고 그 환경에 유리한 종류가 생존한 것으로는 충분히 설명될 수 없다. 식물들은 빛깔이든, 냄새든, 촉감이든 어쨌거나 조금씩은 다르다. 그 식물을 먹거나 향기를 즐기는 동물들 또한 식성이나 취향이 다 다르다. 그래서 식물들의 미묘한 차이와 개성에 저마다 다른 방식으로 '매혹' 된다. 그래서 특정한 종류의 식물을 자주 '선택'하게 된다. 그 결과 그 식물은 더 많이 번식할 수 있게 된다. 그리고 자신이 좋아하는 식물이 번식하므로, 그 동물 또한 더 많이 번식하게 된다.

서로 매혹하고 매혹되면서 선택에 선택을 거듭하는 무수한 식물과 동물들. 다윈이 본 자연계는 이처럼 서로 선택하고 선택되는, 그래서 끊임없이 다양해져 가는 다양성의 우주였다. 단순한 생존경쟁을 넘어서, 다윈이 마침내 도달한 화려하고 장엄한 자연선택!『종의 기원』의 마지막 페이지에는 이 깨달음이 잔잔하면서도 감동적으로 그려져 있다.


숲에는 다양한 식물들이 자라서 새가 노래하고 갖가지 곤충이 훨훨 날아다니며, 습기 찬 흙 속에서 벌레들이 기어 다닌다. 그 모습을 찬찬히 살펴본다. 생물들은 제각기 기묘한 구조를 가지고 있고 서로 간에 매우 복잡한 관계를 맺고 있다. 그런 생물들이 모두 간단한 법칙에 의해 생겨났다는 것을 생각하면 무척 흥

미롭다. 자연이라는 전쟁터에서, 굶주림과 죽음으로부터 아주
멋진 일이 생겨났다. 고등 동물이 태어난 것이다.

생명은 맨 처음에는 한두 가지 형태에 불어넣어졌다. 그 뒤로
지구라는 이 행성이 확고한 중력의 법칙에 따라 회전하는 동안,
그렇게도 단순한 시작에서 너무나 아름답고 경이로운
생물체들이 무한하게 생겨났다. 그리고
지금도 생겨나고 있다. 어떤가, 나의
이러한 견해는 참으로 장엄하지 않은가!

## 눈과 날개

앞서 창조론에서 증거로 내세우는 게 눈과 날개라고 했다.
기억하시는지. 창조론자들은 다윈 아니라 다윈 할아버지가
와도 이 문제만은 진화론으로 해명하지 못할 거라고 굳게 믿었다.
이런 식이다.

그래요, 다윈 선생, 당신 말대로 이 세상 만물이 신이 창조하신
게 아니라고 칩시다. 그저 단순한 생물들에서 변이가 생기고 그
것이 쌓이고 쌓여 천천히 기형과 변종이 생겼다고 칩시다. 또
그게 몇백만 년, 몇천만 년이 지나 마침내 새로운 종들이 생겨
났다고 칩시다. 그게 말로는 그럴듯하지만 결정적인 문제가 있

어요.

눈만 해도 그래요. 눈은 원근감도 느끼
고 색깔과 모양까지 정교하게 느끼는데, 이렇게 복잡
하고 신비로운 눈이 아주 사소한 변이에서 시작해서 서서히 발
전되었다고 하는 게 말이 됩니까? 설령 그랬다고 칩시다. 당신
말대로 눈이 없는 동물에서 우연히 시각 기관 비슷한 게 생겨났
다고 해 봅시다. 이것이 처음 생겨났을 때는 우리 눈과는 아주
다르지 않았겠소? 초기에 생겨난 눈은 흐릿한 색깔과 흐물흐물
한 형태로밖에는 보지 못했겠지요?

그런데 그런 시시한 눈이 무슨 쓸모가 있었겠소? 차라리 고도
로 발달된 코로 냄새를 맡거나 귀를 기울여 소리에 집중하는 편
이 낫지. 괜히 흐릿한 눈 믿고 걷다가 낭떠러지로 떨어지면 바로
죽는 수밖에 더 있었겠소? 그에 비해 코나 귀를 잘 활용한 생물
들은 더 많이 살아남아 더 많은 자손을 남겼을 것이오.

그러므로 어떤 생물이 우연히 아주 초보적인 눈을 가지게 될
순 있어도, 그 생물이 고도로 발달한 눈을 획득할 때까지 진화해
나갈 가능성은 없었을 것이오.

날개는 또 어떻소. 만일 당신 말이 맞는다고
하면 땅 위에서 살던 동물이 진화하여 새가 되었을
거요. 걸어 다니던 동물에게 아주 사소한 변이가
생겨서 날개 비슷한 게 생기고 그것이 점차 발전하여

결국 날개가 되었다는 거 아닙니까? 당신 얘기에서 정말 이해할 수 없는 건 바로 이 대목이오. 눈의 경우와 똑같은 문제점이죠. 날개라는 건 지금처럼 완전히 모양을 갖추어야 하늘을 날 수 있는 거예요.

초기의 날개라면 아주 작고 볼품없었을 텐데, 그게 무슨 쓸모가 있었겠어요? 무서운 포식 동물이 뒤에서 쫓아오는데, 원래 하던 대로 빨리 달려서 목숨을 구하는 게 낫지, 날개 같지도 않은 조금 삐져나온 살덩이를 파닥거려서 어쩌자는 거요? 잡아먹히기 딱 좋아요. 당신 말대로 변이는 조금이라도 그 생물에게 유리해야 계속 보존되고 자손에게 이어질 텐데, 콩알만 한 살덩이가 그 생물에게 뭐 그리 유리했겠어요?


창조론자들은 이런 반론을 하며 의기양양했다. 실제로 다윈도 눈과 날개 문제 때문에 오랫동안 고민을 거듭했다. 당신도 잠시 생각해보시라. 눈이나 날개처럼 복잡하고도 놀라운 기관들이 정말로 진화에 의해 천천히 만들어졌겠는지. 불완전한 초기의 날개를 가진 생물들이 과연 치열한 생존경쟁의 전쟁터에서 살아남을 수 있었겠는지.

현대의 첨단 과학 기술로도 눈보다 더 정교한 시각 기계를 만들어내기 힘든데, 하나님은커녕 인간 같은 존재도 없는 저 자연 속에서 눈이나 날개가 저절로 생겨날 수 있었을까?

다윈은 이렇게 말했다.

인간이 신경 써서 몇 년만 기르면 동식물들의 온갖 새로운 특징들을 만들어 내는데, 저 장대한 자연이, 그토록 오랜 시간을 들여 과연 날개나 눈 같은 것을 만들어 내지 못했겠는가?

우리의 다윈 선생님은 창조론의 반론이 예리하면 예리할수록 더 많은 자료를 모으고 자신의 논리를 더욱 예리하게 가다듬었다. 그리고 우리가 아는 것처럼 그렇게 하는 데 20년의 세월이 필요했다.

그렇다면 다윈은 이렇게 어려운 문제에 대해 어떻게 반격을 했을까? 다윈은 일단 발상부터 바꾸었다. 눈과 날개가 완벽하고 정교하다고들 하는데 그게 정말로 그렇게 완벽하고 정교한 것일까 의심한 것이다.

먼저 눈이다. 반대자들은 눈이 얼마나 복잡하고 정교하며 완벽한지에 대해 침을 튀기며 늘어놓는다. 그러나 다윈은 눈이 뭐가 완벽하냐고 반문한다. 눈이 복잡하다고야 할 수 있겠지만, 눈이 정말 그렇게 완벽한 기관인가?

아니다. 만약 그렇다면 주변에 안경 쓰는 사람은 왜 이렇게 많은가? 또 손으로 스치기만 해도 치명적인 상처를 입는데 그런 게 완벽한 건가? 나이 좀 들었다 하면 기능이 현저하게 떨어지는 건 또 왜인가? 만일 이걸 하나님이 설계하셨다면 형편없는 설계자라고 비난을 받을 법하지 않나?

다윈은 창조론자들을 흉내 내서 똑같이 말한다. 눈이란 게 기본적으로 뭐 하는 기관인가? 너무 쉬워서 오히려 대답하기가 어려우신가? 그럼 쉬운 문제부터 해 보자. 귀란 건 기본적으로 어떤 기관인가? 흠……. 소리를 듣는 기관이다. 다시 말해서 공기에 파동을 일으키며 접근해 오는 소리를 민감하게 느끼는 기관이다. 여기에는 어떤 신비도 없다. 눈도 마찬가지다.

사람 눈이든 개 눈이든 어쨌든 눈이란 건 빛을 민감하게 느끼는 기관이다. 이건 무생물에게도 있는 기능이다. 검은 판자는 빛을 많이 흡수해서 금방 따뜻해지고 흰 판자는 빛을 많이 반사한다. 무생물들도 이렇게 빛에 민감한데 생물이 그걸 못 하겠는가? 땅바닥에 붙어 있는 식물들도 태양이 있는 곳을 향해 제 몸을 하루에도 몇 번씩 돌릴 수 있는데 동물이 그걸 못 하겠는가?

동물의 눈 중에서 가장 단순한 것은 한 개의 시신경으로 이루어져 있다. 이 시신경은 색소 세포로 둘러싸여 있는데 하등한 생물 중에는 신경이 전혀 없이 색소 세포만 모여 있는 경우도 있다. 거의 눈이라고도 할 수 없을 정도다. 이때의 눈은 다만 밝고 어두운 정도를 구별하는 능력만을 갖고 있다. 말 그대로 창조론자들이 비판한 초기 단계의 눈이다.

**부엉이의 눈과 파리의 눈** 부엉이는 아주 어두운 곳에서 볼 수 있는 눈을 가졌다. 겹눈을 지닌 파리는 움직이는 물체를 잘 볼 수 있다.

창조론자들은 그런 초기 단계의 눈이 무슨 쓸모가 있겠느냐고 물었다. 당신은 어떻게 생각하는가? 다윈은 이 질문에 이렇게 답했다. 눈이 아주 나쁜 사람이라도, 그래서 흐릿하게만 볼 수 있어도 눈이 없는 것보다는 낫다. 뭔지 몰라도 무엇이 앞에 있다는 것을 안다면 덜 부딪치며 길을 갈 수 있으니까 말이다. 갑자기 눈앞이 캄캄해지면 뭔가가 다가오고 있다는 것도 알 수 있다.

요컨대 아무리 초기 단계의 눈이라도 쓸모가 이만저만 큰 게 아니다. 예전부터 있던 코나 귀에다가 남이 없는 초기의 눈까지 갖게 된 생물은 아마도 남보다 오래 살고 더 많은 자손을 남겼을 것이다. 완벽하지 않아도 좋다. 남보다 조금이라도 낫기만 하면 된다.

어떤 불가사리는 영상을 만들어 내지는 못하지만, 광선을 한데 모아 물체를 훨씬 쉽게 감지할 수 있다. 이것은 눈이라고 부르기에도 민망한 원시적인 기관이지만 다윈은 이 눈을 보고 크게 기뻐했다. 시신경의 노출된 끝을, 광선을 모아 내는 장치에서부터 알맞게 떨어진 거리에 갖다 두기만 하면 그 위에 하나의 영상이 형성될 것이기 때문이다. 이것이 눈의 기본이다.

다윈은 이런 식으로 좀 더 복잡한 눈, 또 그보다 더 복잡한 눈으로 한 단계 한 단계 나아가며 눈의 진화를 설명했다.


다음은 날개다. 다윈은 먼저 다람쥣과의 동물들을 떠올렸다. 다람쥣과에는 꼬리가 약간 납작하거나 몸 뒷부분이 꽤 넓고 옆구리 뱃가죽도 꽤 불룩한 생물들이 있다. 또한 네 다리와 꼬리 밑 부분이 넓은 피부와 이어져 이것이 낙하산 구실을 하는 날다람쥐도 있다. 그래서 날다람쥐는 자기 이름처럼 나무와 나무 사이를 가볍게 날아다닐 수 있다.

우선 나무에 올라 이 나뭇가지에서 저 나뭇가지로 폴짝폴짝 뛰어 옮겨 다니는 다람쥐를 상상해 보자. 그런 다람쥐들 중에서 꼬리가 좀 더 납작하고 몸 뒷부분이 좀 더 넓은 다람쥐는 나뭇가지 사이는 물론이고, 심지어 이 나무와 저 나무 사이를 훌쩍훌쩍 옮겨 다녔을 것이다.

그리고 네 다리와 꼬리 밑 부분이 넓은 피부와 이어져 있어서 그

**날다람쥐와 독수리** 피막을 낙하산처럼 사용하는 날다람쥐, 날개 길이가 70cm가 넘는 독수리의 모습이다.

피막을 낙하산처럼 사용하는 날다람쥐를 보자. 무서운 맹수가 나무 밑에서 나무 꼭대기까지 쫓아왔을 때 피막이 좀 더 발달한 다람쥐라면 옆 나무로 피신하겠지만 덜 발달한 다람쥐라면 그 자리에서 맹수의 밥이 되었을 것이다. 아니면 저 아래 땅타닥으로 추락했거나. 피막이 얼마나 넓고 두터우냐에 따라 목숨이 왔다 갔다 한다.

날개도 아닌 피막이 무슨 소용이 있었겠느냐고? 방금 말했듯이 목숨을 구하는 데 소용이 있지 않았겠는가? 또한 먹이를 구하기에도 더 좋았을 것이다. 혹 발을 잘못 디뎌 땅으로 떨어질 때에도 낙하산처럼 사용할 수 있다. 평소에는 사소하기 그지없는 피막이지만, 기후가 나빠졌거나 먹이가 줄어들었을 때 크게 도움이 된다. 아주 무서운 동물이 쳐들어왔을 때에는 목숨을 구해 줄 수도 있다.

다윈은 말한다.


날여우원숭이는 또 어떤가. 옆구리 피막이 매우 넓어서 턱밑에서부터 꼬리까지 퍼져 있으며, 긴 발가락이 달린 네 다리까지 감싸고 있다. 이 원숭이의 피막은 비행보다는 이쪽에서 저쪽으로 훌쩍 뛰는 것, 즉 공중활주에 도움을 주었을 것이다. 피막과 연결된 발가락과 앞쪽 팔이 짧은 날여우원숭이들은 자연스럽게 제거되었을 것이고 조금이라도 긴 놈들은 자연스럽게 선택되었을 것이다. 그리하여 언젠가는 이런 동물들이 박쥐로 진화했을 것이다.


이제 눈을 크게 뜨고 세상을 새로 보자. 하늘을 나는 새의 날개, 수많은 동물들의 눈을 유심히 보자. 그 안에 다윈이 밝혀낸 진화의 비밀이 숨어 있다.

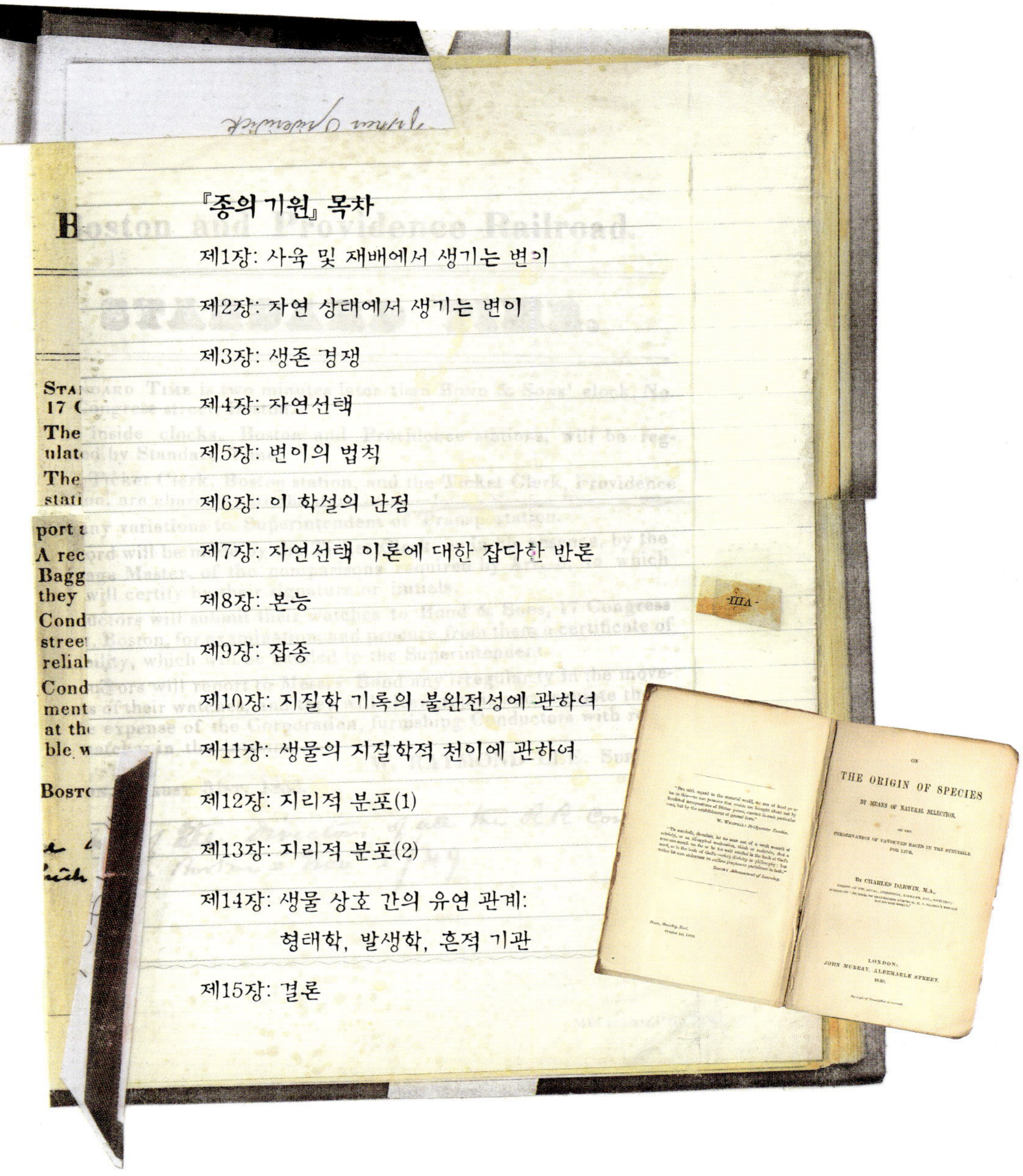

## 『종의 기원』 목차



『종의 기원』의 목차　『종의 기원』의 원제목은 『자연선택 혹은 생존경쟁에서 유리한 종의 보존에 의한 종의 기원에 대하여(On the Origin of Species by Means of Natural Selection, or the Preservation of Favoured Races in the Struggle for Life)』이다. 1859년 초판본은 14장이었는데 1872년에 한 장(7장)이 추가되어 총 15장이 되었다.

# 3부

# 세상을 바꾼 책
## 『종의 기원』

위대한 과학자의 마지막 저작이 겨우 지렁이와 흙에 대한 연구였다니 라고 생각할지도 모르겠다. 하지만 박물학자로서 평생을 산 다윈에게는 이 세상 모든 것이 다 같이 소중했다. 하등하고 비천하다고 멸시받는 지렁이도, 땅바닥에 흔하게 깔려 있는 흙도 마찬가지였다.

# 『종의 기원』
# 이후

## 일대 소동이 일어나다

역사적인 1859년 11월 11일 『종의 기원』 견본이 세상에 나왔다. 일반 독자를 위해서는 24일에 출판되었다. 초판은 1,250부로 값은 15실링이었다. 앞에서 체임버스의 『창조의 자연사적 흔적』이 7실링이었고, 이것은 신사 계급만이 사 볼 수 있는 금액이었다고 한 말을 기억하시는지. 물론 15년이란 세월이 흐르긴 했지만 15실링은 퍽이나 비싼 가격이었다.

그러나 사람들은 뭔가 놀라운 일이 일어났음을 직감했고, 『종의 기원』 1,250부는 나온 날 바로 매진되었다. 같은 해와 다음 해인 1860년 2판으로 3천 부를 찍었다. 한 해 뒤인 1861년에는 2천 부를 더 찍었고 책은 계속해서 팔려 나갔다. 바야흐로 다윈의 진화론 혁명이 시작된 것이다.

영국은 발칵 뒤집혔고 불과 10년 뒤에 다윈의 이론은 유럽 전체를 정복한다. 책이 나오자마자 다윈은 바로 시골로 거주지를 옮긴다. 폭풍이 몰아닥칠 것을 예감한 것이다. 과연 극소수의 지지자들을 빼고는, 많은 사람이 격렬하게 욕을 해 대거나 절망에 빠져 버렸다.

세상에, 하나님의 형상을 따라 창조된 인간이, 저 하등한 동물들과 한 핏줄이라니. 당시 어느 주교의 부인은 이렇게 탄식했다고 한다.

원숭이의 후손이라고! 오! 맙소사. 우리 모두 그것이 사실이 아니기를 바랍시다. 만약 사실이라면 그것이 널리 알려지지 않도록 기도합시다.

하하하! 오늘날 우리는 이렇게 웃을 수 있지만 당시에는 자못 심각했던 모양이다. 세상 사람들로부터 폭풍우처럼 비난이 쏟아졌지만 온화한 성격의 다윈은 그저 조용히 있었다. 그래서 다윈과 친하게 지내던 젊은 과학자 토머스 헉슬리가 다윈 대신 비난에 맞서 격렬한 논쟁을 벌였다.

헉슬리는 『종의 기원』을 읽고 곧바로 진화론의 신봉자, 다윈의 신봉자가 되어 버렸다. 헉슬리는 곧장 다윈에게 편지를 휘갈겼다.

이렇게 깊은 감명을 준 책은 일찍이 없었습니다. 설령 『종의 기원』의 9장 '잡종'을 지지하다가 화형을 당하더라도 상관이 없습니다. 4장 '자연선택'에도 전적으로 찬성합니다. 거기에는 새로운 종이 생겨나는 진짜 원인이 들어 있었습니다.

이 편지에 다윈은 "이제 안심이다. 죽어도 후회는 없다."라고 답장을 썼다. 이때부터 헉슬리는 자기 자신을 '다윈의 불도그'라고 불렀다. 다윈 선생님을 비난하려 드는 놈들은 누구라도 물어 뜯어 버리겠다는 뜻이었다. 『종의 기원』이 출간된 지 반년 뒤인 1860년 6월 말, 윌버포스 주교는 영국학술협회 총회에서 헉슬리에게 물었다.

헉슬리 선생, 한마디 묻겠소. 선생은 원숭이를 조상이라고 믿고 있는 모양인데 그렇다면 그것은 당신 할아버지 쪽이오, 아니면 할머니 쪽이오?

헉슬리는 자신을 모욕하려는 주교의 질문에 침착하게 대답했다.

**헉슬리의 캐리커처**　의학을 공부한 토머스 헉슬리(1825~1895). 그는 예비 의사로 HMS 레틀스네이크호에 탑승하여, 4년간 지구 각지의 해양 생물을 연구한 뒤 생물학자가 되었다. 다윈을 열렬히 지지했던 헉슬리는 평생 고생물학과 지질학을 연구하면서 일반 대중을 위한 과학 교육에도 열심히 참여하였다.

나는 인류의 조상이 원숭이라 해도 전혀 부끄럽지 않습니다. 만일 내가 부끄러워할 조상이 있다면 그것은 인간 자체일 것입니다. 잘 모르는 주제에 쓸데없이 혀를 놀리고 청중을 기만하려는 사람이야말로 내가 수치스럽게 생각하는 사람입니다.


새로운 지식을 거부하려는 부정직한 사람보다는 차라리 원숭이가 조상인 게 낫겠다는 통렬한 반격이었다. 환호의 박수와 커다란 야유 소리가 뒤섞여 총회는 엉망이 되었다.

총회장 한쪽에서는 비글호 함장이었던 피츠로이가 손에 성경을 들고 "성경을……, 성경을……." 하고 외치며 몽유병자처럼 돌아다녔다. 이 충격 때문이었는지 5년 뒤 피츠로이는 권총 자살로 길지 않은 삶을 마감했다.


성직자나 무지한 대중들만이 다윈에 반대한 건 아니었다. 사실 전문가들이 더 심하게 비난했다. 신문이고 잡지고 할 것 없이 다윈에 대해 비난을 쏟아 냈다. "무의 씨앗을 계속 심다 보면 언젠가는 인간이 된단 말이냐?"라는 수준 낮은 냉소도 있었다.

다윈의 화석 연구를 높이 평가했던 비교해부학자 오웬도, 미국의 유명한 생물학자 루이스 아가시도, 다윈이 존경하던 천문학자 허셜도 비난 대열에 속속 합류했다. 형의 친구였던 대문학가 칼라일도 다윈이 인간을 원숭이로 타락시켰다며 분개했다.

**다윈의 캐리커쳐** 다윈을 원숭이로 묘사하여 진화론을 풍자한 그림이다. 1878년 프랑스 파리에서 발행된 잡지의 표지에 실렸다.

다윈은 『종의 기원』을 알아주는 사람이 네댓 명만 있어도 좋겠다고 했다는데 실제로 초기의 지지자는 네댓 명이 될까 말까 했다. 다윈에게 결정적인 영향을 주었던 『지질학 원리』의 저자이자 절친한 친구였던 라이엘도 계속 주저하다가 한참 뒤에야 진화설을 받아들였다. 이랬으니 다윈이 암살을 당하지 않은 것만도 다행이었다.

이렇듯 『종의 기원』이 처음 나왔을 떠는 비난과 반발이 심했지만 과학과 진리의 힘은 그 누구도 막을 수 없었다. 얼마 뒤 영국은 다윈의 진화론을 지지하였고 유럽 대륙도 10년이 못 되어 다윈을 받아들였다. 다윈이 마침내 전 유럽을 정복한 것이다.


## 산호초에서 지렁이까지

다윈은 『종의 기원』으로 큰 성공을 거뒀지만 그 뒤의 삶이 크게 바뀌지 않았고 건강 또한 여전히 좋지 않았다. 다윈은 여전히 좋은 남편이었고 다정한 아버지였으며 친절한 이웃이었다.

다윈과 부인 엠마는 모두 10남매를 낳았고 화목한 가정을 꾸렸다. 둘째 아들 조지는 케임브리지 대학 천문학 교수가 되었고 셋째 아들 프랜시스도 같은 학교 의대 교수가 되었다. 넷째는 국회의원이 되었고 다섯째는 정밀 기계를 연구하고 만드는 분야에서 성공하였다. 아버지만큼이나 열심히들 공부했던 모양이다. 딸들에 대해서는 아쉽게도 잘 알려져 있지 않다.

그가 얼마나 평범한 생활을 했는지 당시 다윈의 시간표(149쪽)를 슬쩍 엿보도록 하자. 다윈은 기분이 몹시 우울할 때를 빼고는 거의 이 시간표대로 생활했다. 역시 훌륭한 과학자는 뭐가 달라도 다르다니까!

아침 일찍 일어나 산책을 한다.

~7시 45분 아침식사

8시~9시 30분 일을 한다.

9시 30분~10시 30분 응접실 소파에 누워서

편지 읽기 혹은 상냥한 부인이 읽어 주는 소설 듣기

10시 30분~12시 또 일을 한다.

12시~12시 30분 애견을 데리고 산책. 비가 와도 산책은 간다.

가끔 온실을 돌보기도 한다

12시 30분~2시 점심 식사와 신문 읽기

2시~3시 편지 쓰기

3시~4시 소파에 누워 휴식 울적할 때는 담배를

피운다.

휴식하면서 부인이 읽어 주는 소설을 듣는다.

마지막에 모두가 행복하게 끝나는 소설만 읽는다.

4시~4시 30분 또 산책

4시 30분~5시 30분 일한다.

7시 30분~10시 30분 저녁 식사 후 별실에서 부인과 주사위 놀이를

한다. 과학 서적을 읽거나 부인의 피아-노 연주를 감상한다.

10시 30분~ 잠자리에 든다. (하지만 불면증에

시달릴 때가 많았다.)

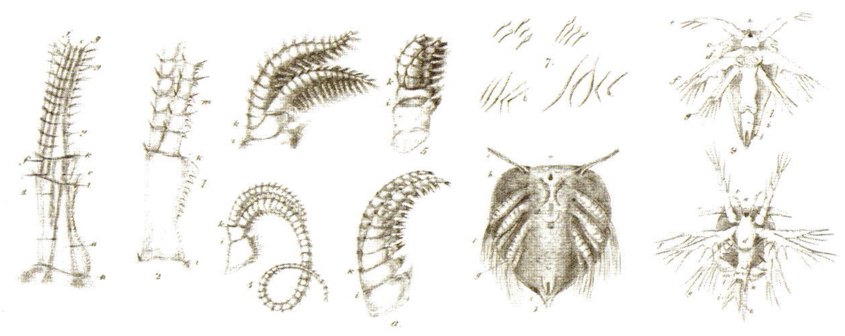

『만각류』에 실린 삽화

오늘날 다윈은 주로 『종의 기원』의 저자로 유명하지만, 그는 다방면에 걸친 관심과 연구로 일생을 산 박물학자였다. 그가 생전에 썼던 책들을 살펴보자.

- 1842년 『산호초의 구조와 분포』

  이 책에서 다윈은 아름다운 산호초에 관한 체계적인 이론을 제시하여 산호 전문가로 인정을 받는다.

- 1844년 『화산섬』

- 1846년 『남아메리카 지질학』

  『남아메리카 지질학』을 출간한 뒤로 다윈은 서서히 동물학 쪽으로 관심을 옮기면서 따개비를 연구하기 시작한다. 얼마나 열심히 연구를 했는지 1840년대 후반에 쓴 다윈의 편지와 공책에는 '내 사랑하는 따개비'란 표현이 자주 등장한다. 그렇지만 해도 해도 끝이 없는 연구에 질렸는지 결국에는 따개비의 '따' 자만 들어도 지긋지긋해하

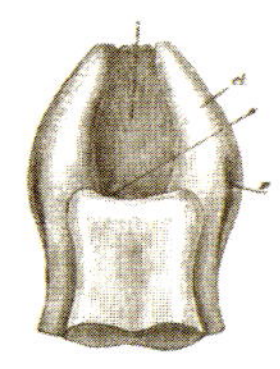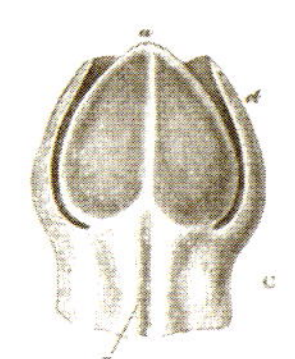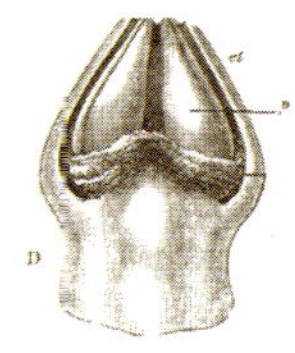

『곤충에 의해 수정되는 난초의 여러 가지 계략』에 실린 삽화

는 지경이 되어 버렸다. 어쨌든 다윈은 그렇게 열심히 연구한 성과를 모아 훗날 네 권짜리 책 『만각류』를 펴냈다.

- 1855년 『만각류』(전 4권)
- 1859년 『종의 기원』
- 1862년 『곤충에 의해 수정되는 난초의 여러 가지 계략』
- 1868년 『사육 동식물의 변이』
- 1871년 『인간의 유래와 성(性)에 따른 선택』
- 1872년 『인간과 동물의 감정의 표현』

다윈은 자녀들이 태어나 자라나는 것을 보면서 표정에 대해 연구하기 시작했고, 그 결과 『인간과 동물의 감정의 표현』을 썼다고 한다. 다윈은 주변의 모든 것에 관심을 기울이고 관찰하는 훌륭한 과학자였다.

- 1872년 『식충 식물과 등반 식물의 운동과 습성』
- 1876년 『식물계에서 타화 수정과 자화 수정의 결과』

- 1876년 『자서전』 집필을 시작했다.

  손자손녀들에게 들려주기 위해 그때까지의 삶을 정리하고자 했다. 우리나라에서는 『나의 삶은 서서히 진화했다』라는 제목으로 출판되었다.

- 1877년 『동종 식물에서 이형(異型)의 꽃들』

- 1880년 『식물의 운동』

- 1881년 『지렁이의 작용으로 만들어지는 비옥한 토양의 형성과 지렁이의 습성 관찰』

  죽기 1년 전에 마지막 힘을 모아 쓴 책이다. 위대한 과학자의 마지막 저작이 겨우 지렁이와 흙에 대한 연구였다니 고개를 갸웃할 분도 있을 것이다.

  하지만 평생을 박물학자로서 산 다윈에게는 이 세상 모든 것이 다 같이 중요했다. 하등하고 보잘것없다고 멸시 받는 지렁이는 물론, 땅바닥에 흔하게 깔려 있는 흙도 다윈에게는 소중한 존재였던 것이다. 지렁이가 있기 때문에 토양이 건강을 유지한다는 최근의 연구 결과를 볼 때, 다윈이 이미 130년 전에 보여 준 통찰력은 놀랍기만 하다.

이렇듯 다윈은 여러 분야를 폭넓게 연구하고 책을 쓰고 또 연구했다. 평생 건강이 안 좋았음에도 불구하고 다윈은 생물들의 다양한 모습에 강렬하게 매혹되었다. 또한 과학적 열정이 그를 앞으로 계속 밀

다윈의 연구실 창문 앞에 다윈이 쓰던 현미경이 있다.

고 나갔다.

그러던 다윈도 1882년 4월 19일 73서로 눈을 감았다. 다윈은 1주일 뒤인 26일에는 영국 국교회의 심장인 웨스트민스터 대성당에 매장되었다. 성경의 내용을 정면으로 뒤엎은 과학자의 시신을 대성당이 받아들인 것이다. 과학의 진실을 종교의 이름으로 더 이상 외면할 수 없었기 때문이다.

우리나라가 과학의 날을 4월에 잡은 것은 다윈이 4월에 사망한 것을 기리기 위해서다. 다윈이 죽기 전 마지막으로 한 말은 "나는 죽음이 두렵지 않다."였다. 과연 다윈답다.

로마 교황은 1996년 교황 과학아카데미에 "새로운 지식에 비춰 볼 때 진화론이 단지 가설에 불과한 것이 아님이 인정된다."라고 공식 교서를 내렸다.

『종의 기원』이 나온 지 약 140년이 되어서야 이런 조치가 취해졌다. 140년 동안 세상이 다 아는 것을 교회만 모른 체해 온 것이다. 그렇다면 이제 진화론과 창조론의 대립은 끝난 것일까. 물론 그렇지 않다. 예컨대 지금도 종교인들 중에는 학교에서 창조론을 가르쳐야 한다고 주장하는 사람들이 있다.

서양인들은 중세를 암흑시대라고 부르곤 한다. 그때는 기독교가 모든 학문과 사상을 통제했기 때문에, 문화가 자유롭게 발전하지 못했다는 이유에서이다. 그런 시대를 암흑시대라고 부른다면, 진화론을 막무가내로 반대하는 사람들은 여전히 암흑시대에 살고 있는 셈이다. 이 지구에는 더 많은 진리의 빛이 필요하다.

다윈의 말대로 세상은 지금까지 진화해 왔고 또 앞으로도 영원히 진화해 갈 것이다. 그 결과 미래의 세계가 지금보다 발전

할지 퇴보할지는 아무도 모른다. 분명한 것은 우주의 삼라만상이 한 순간도 멈추지 않고 계속 변화해 갈 것이라는 사실이다.

150억 년에 걸친 우주의 진화와 46억 년에 걸친 지구의 진화, 그리고 그동안 진행된 생물체의 진화. 기나긴 시간 동안 수많은 생물이 태어났고 죽어 갔다. 그러면서 어떤 종들이 새로이 태어나고 어떤 종들은 멸종되었다. 지금까지 생겨난 종들 중 90퍼센트 이상이 멸종하지 않았던가. 그러므로 언젠가는 인간도 멸종할 것이다. 인간만 특별할 이유는 어디에도 없으니까.

목숨 가진 모든 것이 언젠가는 죽을 수밖에 없는 것처럼, 현재 살아 있는 종들도 언젠가는 멸종할 것이다. 이것을 겸손하게 받아들이고 고요히 생각해 보라. 그렇게 삶과 죽음이 끊임없이 이어지는 가운데 수많은 변화가 생겨나고 새로운 종들이 탄생하였다. 이러한 진화의 풍경은 영원히 계속될 것이다.

『종의 기원』 마지막 구절을 다시 떠올려 본다.

지구라는 이 행성이 확고한 중력의 법칙에 따라 회전하는 동안, 그렇게도 단순한 시작에서 너무나 아름답고 경이로운 생물체들이 무한하게 생겨났다. 그리고 지금도 생겨나고 있다. 어떤가, 나의 이러한 견해는 참으로 장엄하지 않은가!

# 생물학의 시대
## 20세기

### 두 번째 충격

갈릴레이가 등장한 뒤로 우주의 중심은 지구가 아니라 태양이 되었다. 우주의 변두리로 밀려난 지구.(그러나 사실 태양은 우주의 중심이 아니며 지구도 우주의 변두리가 아니다. 나아가 만일 우주가 무한하다면 중심이니 주변이니 하는 말 자체가 불가능할 것이다.) 이것이 인류가 받은 첫 번째 충격이었다.

『종의 기원』이 출간되자 이번에는 인간의 지위가 흔들렸다. 인간은 신이 창조하신 것이 아니고 다른 동식물과 똑같은 생물의 하나가 되었다. 인간은 신의 형상대로 만들어진 게 아니라 긴 지질학적 시간을 거쳐 하등 동물에서 진화한 존재에 불과했다. 다윈의 진화론으로 인해 인류는 두 번째 충격을 받게 된 것이다. 다윈은 그만큼 세상 전체

인간의 기원 『종의 기원』을 패러디한 『인간의 기원』이라는 책을 읽고 있는 고릴라 사진. 인간을 진화의 정점으로 보는 시각에 대한 재치 있는 풍자이다.

를 완전히 변화시켰다.

다윈은 학문 체계도 바꿔 놓았다. 그때까지 자연계를 연구하는 사람들은 박물학자라고 불렸다. 박물학자들은 식물과 동물은 물론 광물들까지 모두 조사하여 얻은 지식들을 잡다하게 늘어놓았다.

그러다가 『종의 기원』이 나온 뒤에는 자연계를 생명이 있는 것과 생명이 없는 것으로 나누고, 그중에서 생명이 있는 생물들만을 연구하기 시작했다. 바야흐로 생물학이 탄생한 것이다. 생물학자들은 생물의 여러 가지 특징을 조사할 뿐만 아니라, 생물의 역사와 자연의 역사에 대해서도 연구하였다. 화석을 열심히 발굴하여 오래전에 멸종된 생물들도 연구했다. 그리하여 생물이 진화해 온 역사를 쓸 수 있었다.

사람들은 인간만이 아니라 자연계에도 역사가 있다는 걸 알게 되었다. 천지가 온갖 생물을 낳은 어머니라면 다윈은 생물학을 낳은 어머니였다. 그 뒤 생물학은 엄청난 속도로 발전하여 다윈 시절의 생물학과는 모습이 크게 달라졌다. 그리고 그 변화의 핵심에는 오스트리아의 조용한 수도사 멘델이 있었다.


## 유전학의 시대

다윈이 '큰 책(『자연선택』)'을 쓰기 시작하던 1856년, 오스트리아 제국의 한 수도원에서는 수도사 멘델이 완두콩을 가지고 식물 번식 실험을 하고 있었다. 그는 수도원 뜰에서 200회 이상 인공 교배를 하여 그 결과를 자연과학협회에 제출했다. 『종의 기원』으로 천지가 들썩이던 1860년의 일이었다. 하지만 당시에는 그 연구의 의미를 아무도 이해하지 못했다. 다윈조차 이 논문을 읽어 보지 않고 책장에 꽂아 놓았을 정도였다.

그 법칙은 유전 단위(유전자)가 다음 세대로 어떻게 전달되어 특정 형질을 나타내게 되는가를 밝힌 것으로 분리의 법칙, 독립의 법칙으로 요약된다. 간명한 수학적 비율과 풍부한 사례로 도출된 이 법칙들은 여러분의 생물 교과서에 빠짐없이 나올 테니 잘 살펴보시길.

1884년 멘델이 사망할 때까지 그가 발견한 유전 법칙은 화석보다도 더 깊이 땅속에 가라앉았다. 그러나 훌륭한 보석은 아무리 깊은 곳에 묻혀 있어도 언젠가는 찬란한 빛을 뿌리게 마련이다.

1900년, 마침내 그때가 왔다. 세 과학자가 각자 연구하던 도중 유전 법칙을 발견했는데, 알고 보니 그것은 멘델이 이미 35년 전에 발견한 법칙이었다. 1900년의 이 '재발견' 이후 20세기는 유전학의 시대로 치달아 갔다.

멘델의 법칙이 재발견된 1900년 이후, 생물학자들은 유전의 법칙을 일으키는 유전자가 DNA(디엔에이)임을 알게 되었다. 그리고 1953년에 왓슨과 크릭이라는 두 젊은 학자가 혜성처럼 등장하여 DNA의 구조를 발견하였다. 이들이 연구해 보니 DNA는 두 가닥이 꼬인 형태로 말려 올라가는 구조, 즉 이중 나선 구조를 갖고 있었다. 이 눈부신 발견에 놀란 노벨상 위원회는 1962년에 서둘러 이들에게 노벨상을 안겼다.

이어지는 50년 동안은 가히 유전학의 시대, DNA의 시대라 부를 만큼 세계 여기저기서 유전자 연구에 열중하였다. 급기야는 1990년 인간 게놈 프로젝트가 발표되기에 이르렀다. 이것은 인간의 모든 유전자의 지도를 그려 내겠다는 야심 찬 계획이었다.

DNA라는 유전자에는 생물의 유전 정보가 기록되어 있다. 그래서 사람들은 이 정보를 해독만 하면 생명 현상의 비밀을 풀 수 있다고 믿었다. 사람은 왜 병에 걸리고 또 왜 늙는지도 밝혀낼 수 있다고 믿었다. 만일 그렇게만 된다면 병에 걸리지 않는 약, 늙지 않는 약을 개발할 수도 있지 않겠는가? 그리고 잘하면 DNA 구조를 일부 변경하여 그 사람의 일생을 바꿀 수도 있다며 흥분했다.

이리하여 인간 게놈 프로젝트에는 엄청난 예산과 과학자들이 동원

되었고 마침내 2001년에 인간의 유전자 지도가 완성되었다.

유전자의 시대는 곧 유전 공학의 시대이기도 했다. 유전자를 재조합하고, 세포를 융합하고, 세포에 있는 핵을 바꿔서 인간이 원하는 대로 생물체를 변경시킬 수 있게 된 것이다. 사람들은 유전 공학 덕분에 암도 치료하고 선천성 장애도 방지하고 늙지 않는 방법도 개발할 수 있을 거라는 희망에 부풀었다.

한편 인류는 그사이에 양도 복제하고 소나 개 같은 동물들도 복제하기 시작했다. 유전학이 공학과 결합되어 우전 공학이 된 것이다. 우리나라 과학자들도 동물 복제 분야를 활발히 연구하고 있다.

최근에는 애완동물을 복제해 주는 기업도 생겨나서 3천만 원을 주면 고양이를 복제해 준다고 한다. 이런 추세라면 인간 복제도 시간문제라고들 한다.

유전 공학자들은 생물의 유전 정보가 유전자에 모두 들어 있고 유전자만 바꿔 주면 그 생물을 원하는 대로 변화시킬 수 있다고 믿고 있다. 그걸 이용해 약품을 만들려는 제약 회사들은 그런 과학자들을 아낌없이 지원하고 있다. 제약 회사들은 겉으로는 난치병 환자들을 치료해 주겠다고 약속하고 있다. 심지어 어떤 유전 공학자들은 암을 갖고 태어나도록 유전적으로 조작한 쥐를 만들어 보이기도 했다.

인간에게도 유전자는 물론 중요하다. 그러나 유전자는 인간의 모든 것을 담고 있지는 않다. 그것은 인간의 삶을 이루는 다양한 요소들 중의 하나일 뿐이다. 지능이나 머리 모양이나 눈 색깔 같은 걸 결정하는 유전자 따위는 없다. 그런 것에 영향을 주는 수많은 유전자들과 세포의 복잡한 환경이 있을 뿐이다.

또한 신체적인 특징이 그 사람의 전부도 아니다. 우리에게는 인생 경험이나 성품, 가족이나 친구들과의 관계도 중요하기 때문이다. 유전자를 연구하는 것은 물론 잘못이 아니다. 그러나 유전자만 연구하면 인간의 모든 것을 밝혀낼 수 있다는 태도는 잘못된 맹신이 아닐까?

그리고 그것은 매우 위험하기도 하다. 노인이나 장애인들의 문제를 해결하기 위해서는 우리가 더 많은 관심을 가져야 하고 더불어 함께 살아가기 위해 여러 가지 제도를 개선하려는 노력도 기울여야 한다. 그런 것은 모두 뒷전에 둔 채 노화를 방지하는 기술만 개발하려 한다면 그것은 커다란 잘못이다.

**"유전자만으로는 아무것도 알 수 없어요"**

20세기는 DNA의 시대이며 그 연구 대상이 된 초파리의 시대라고도 부를 수 있다. 하지만 그 100년 동안 지구상에 왓슨과 크릭, 그리고 초파리만 있었던 건 아니다. 똑같이 생물학을 연구하면서도 그와는

**초파리** 출생 후 번식까지의 기간이 짧아 유전자 연구에 가장 널리 쓰였다.

전혀 다른 방향으로 길을 개척한 사람들도 있었다.

우리는 이제 평생 동안 옥수수를 사랑하고 연구한 여성 과학자 매클린톡과 만나야 한다. 당시 유전학을 연구하는 과학자들에게 가장 사랑받는 연구 대상은 초파리였다. 초파리는 '식초'만큼이나 신 과일을 즐겨 먹기 때문에 '초'파리란 이름이 붙었다.

과학자들은 초파리 한 마리를 얻은 뒤 열흘 안팎이면 초파리의 새끼를 확보할 수 있다. 그러니까 과학자들은 어떤 초파리에게 유전적인 조작을 가한 뒤, 그 새끼에게, 그리고 그 새끼의 새끼에게 어떤 변화가 나타나는지 그 결과를 금세 알 수 있다. 한마디로 초파리는 과

학자들이 반복 실험을 하기에 알맞은 최고의 실험 대상이었다.

그에 반해 매클린톡은 평생 옥수수를 사랑하고 옥수수를 연구했다. 옥수수는 수확하려면 1년을 기다려야 하는 식물이다. 한번 옥수수를 관찰한 뒤 다음 변화를 보려면 다음 해까지 기다려야만 한다는 말이다.

매클린톡은 옥수수 하나하나로부터 느낌이 올 때까지 옥수수들을 만져 보고 돌아보고 정신적인 대화와 느낌을 나누었다. 나중에는 1년 가지고도 부족해서 2년에 한 번 수확하는 옥수수를 길러 연구하기도 했다. 빠른 시간 안에 연구 결과를 얻으려던 다른 대부분의 연구자들과 정반대의 길을 간 것이다.

그렇게 해서 매클린톡이 얻어 낸 결과는 심히 놀라웠다. 당시에는 유전자가 그 생물의 특징을 결정한다고 믿던 시대였다. 그런데 매클린톡이 유심히 관찰해 보니 유전자들의 활동을 나머지 세포질이 규정하고 있었다. 유전자가 어떤 환경에 처하느냐에 따라 유전자의 활동이 달라지는 것을 발견한 것이다.

또한 당시는 어떤 생물의 유전자 구조가 평생 변치 않는 것으로 믿던 시대였다. 하지만 매클린톡은 유전 믈질이 염색체의 이곳에서 저곳으로 점프하는 현상을 발견하였다. 이것이 매클린톡이 발견한 '튀는 유전자(jumping gene)'이다. 이렇게 유전자가 엉뚱한 곳으로 튀면 유전자 구조가 변경되어 이전에는 없던 특징들이 마구 생겨났다.

바버라 매클린톡(1902~1992) 미국에서 태어나 코넬 대학에서 평생 생물학을 연구했다. 옥수수를 대상으로 염색체를 연구하며 변이가 생기는 유전적 원인을 규명해 내었다.

매클린톡의 주장은 엄청난 얘기였고 처음에는 아무도 이 황당한 얘기를 믿지 않았다. 아니, 이해할 수도 없었다. 세상은 오직 왓슨과 크릭의 이론만 받아들였고, 매클린톡의 얘기는 무시하기 일쑤였다. 하지만 매클린톡은 포기하지 않고 옥수수들과 더욱 친밀감을 가지며 연구를 계속해 나갔다.

매클린톡의 노력이 헛되지 않았던지 1970년대부터 하등 동물에게서 증거들이 하나 둘 나타나기 시작했다. 이후 더 많은 증거가 발견되면서 마침내 1983년 매클린톡은 여성 단독으로는 최초로 노벨 생리의학상을 수상한다. 오랜 동안의 외로운 연구가 세계적으로 인정을 받는 감동의 순간이었다.

**튀는 유전자** 매클린톡은 오랜 세월 옥수수를 재배하였다. 그 과정에서 알갱이 색깔이 다양하고 그 패턴도 크게 달라지는 현상을 발견했는데, 이는 전체 유전자 중 색깔과 관련된 유전자들 사이로 다른 유전자 조각들이 튀어 들어가 생긴 현상이라고 보았다.

그녀의 삶은 우리에게 이렇게 말하고 있다.

유전자만으로는 아무것도 알 수 없어요. 환경의 변화와 세포질과 유전자와의 관계를 모두 살펴야 하죠. 따뜻한 마음으로 생물의 모습과 주변 환경을 살펴보세요. 그리그 기다리세요. 그러면 그 생물이 먼저 당신에게 말을 걸어올 겁니다, 아주 조용히. 그 때부터 당신과 그 생물은 대화를 시작하게 되며 당신은 그를 온전히 이해할 수 있을 겁니다.

## 경쟁이냐 공생이냐

다윈이 생존경쟁을 강조한 이후, 지금까지 생물학자들은 이기적인 생물들이 벌이는 생존경쟁을 주로 강조해 왔다. 동물들도 이타적 행동을 하지 않느냐고 반박하면 이들은 가볍게 대답한다. 언뜻 보면 이타적으로 보이는 행위도, 길게 보면 결국 이기적인 목적이 뒤에 숨어 있는 거 아니냐, 남을 돕는 것도 언젠가는 남에게 도움을 받기 위해 미리 선심 쓰는 행위 아니냐고 반문한다.

무서운 적이 나타나면 자기 동료들에게 신호를 해 주는 물고기와 새가 있다. 경계를 맡은 물고기와 새들은 무서운 적에게 맨 먼저 발견되어 죽을 가능성이 매우 높다. 당장 자기가 죽을지도 모르는 판에 그들은 왜 그렇게 행동하는 걸까.

대부분의 생물학자들은 이렇게 답한다.

경계를 맡은 물고기나 새의 입장만 보면 손해지만, 그 새나 물고기의 종 전체로 보면 이익이다. 바로 그런 특별한 경계병들을 보유했기 때문에 그 종이 멸종하지 않고 살아남은 것이다.

이들의 말을 듣다 보면 이 세계는 정말 이기적인 생물들로만 가득 차 있는 것 같다. 이타적인 행위도 그 밑에는 반드시 장기적인 이익이나 전체적인 이익이 깔려 있는 것처럼 느껴진다. 세계는 정말 그런 것일까? 당신은 어떻게 생각하시는지?

이 대목에서 여러분에게 소개하고 싶은 여성 생물학자가 있다. 마

린 마굴리스(1938~2011) 미국의 생물학자로, 엽록체와 미토콘드리아가 공생하면서 세포를 이루게 되었다는 혁신적인 주장으로 대규모 진화에 대한 새로운 관점을 제시하였다.

굴리스라는 독특한 이름을 가진 사람인데, 이 사람은 모든 생물에 다 들어 있는 세포를 연구했다. 세포 안에는 아시다시피 핵이 있고 호흡을 담당하는 미토콘드리아가 있으며, 식물 서포 안에는 여기에 더해 광합성을 하는 엽록체도 있다.

마굴리스는 특히 엽록체와 미토콘드리아에 주목하다가 대단히 이상한 사실을 발견했다. 엽록체와 미토콘드리아의 유전자가 핵의 유전자와 구조도 다르고 물질도 달랐던 것이다. 한 식물의 세포 안에 있는 핵과 엽록체와 미토콘드리아의 유전자가 이렇게까지 서로 다르다니! 대체 무엇 때문일까?

이런 어려운 질문을 스스로에게 던지고 연구를 거듭한 결과 마굴리스는 마침내 세포의 비밀을 알게 되었다. 우선 원래 엽록체와 미토콘드리아는 서로 다른 곳에서 살던 작은 박테리아였다. 이 두 마리 박테리아는 어떤 큰 박테리아에게 놀러 갔다가 그곳에서 우연히 만났다.

서로 마음에 든 두 박테리아는 큰 박테리아의 몸속에서 자주 만나 사귀었다. 큰 박테리아의 몸속은 편안했고 그렇게 오랜 세월이 지나자 이 둘은 아예 큰 박테리아의 몸속에 눌러 살게 되었다. 큰 박테리아 한 마리와 작은 박테리아 두 마리는 이제 떨어져서는 도저히 살 수 없었고 결국 한 몸을 이루었다. 큰 박테리아는 핵이 되었고 작은 박테리아 두 마리는 각각 엽록체와 미토콘드리아가 되었다. 그리고 이 세 가지가 함께 살고 있는 방이 바로 우리가 세포라 부르는 것이다.

이것이야말로 모든 생물의 기초인 세포가 탄생하던 역사적인 순간이었다. 이 사건이 없었다면 인간은 둘째치고 동물도 식물도 태어날 수 없었다. 그리고 지구에는 여전히 박테리아들만이 우글거리고 있었을 것이다. 진화의 역사에서 가장 중요한 세포의 탄생이 이처럼 경쟁이 아니라 공생에 의해서 발생하였다. 협동과 공생이 없이는 세포도 없고 동식물의 진화도 없다.


다윈이 생물학을 낳은 이후, 생물학은 급속도로 발전하면서 심오한 생명의 세계를 파헤쳐 왔다. 특히 왓슨과 크릭이 DNA의 구조를 밝혀낸 이후 유전학의 발전 속도는 어지러울 정도로 빨랐다. 하지만

DNA를 너무 중시하면서 DNA 이외의 세포질이나 환경을 경시하였다. 또한 생물들끼리의 생존경쟁을 너무 강조하면서 협동이나 공생 쪽은 소홀히 다루었다.

그러다가 매클린톡과 마굴리스의 등장으로 인류는 생명의 모습을 좀 더 풍요롭고 다양하게 느낄 수 있게 되었다. 그들의 말처럼 DNA도 중요하지만 그것이 세포질이나 환경 등 다른 요소들과 맺는 관계가 더 중요하다. 그리고 세포로 진화하는 단계에서 가장 중요한 것은 박테리아들 사이의 관계와 공생이다.

이런 멋진 이론을 듣다 보면 150년 전 다윈이 들려준 얘기가 새삼 떠오른다. 모든 생물은 변화하며 가장 중요한 것은 생물들과의 관계라는 다윈의 말이.

진화론은 앞으로도 많은 변화를 겪을 것이다. 인류가 쉬지 않고 좌충우돌하면서 생명의 비밀에 더 많은 빛을 던지고 있기 때문이다. 모든 생물들과 더불어 진화론도 진화하고 있는지 모른다.

# 또 다른 진화를
# 열망한다

다윈의 삶에서부터 『종의 기원』에 담긴 놀라운 이야기, 그리고 현대 생물학의 변신에 이르기까지, 재미있게 읽으셨는지요. 다윈이 들려주는 생물의 진화 이야기는 언제 들어도 신기합니다. 거기에는 우리와 닮은 식물과 동물들의 얘기가 가득 들어 있었습니다. 그들 모두가 진화의 역사에서 태어난 나의 형제자매라는 것도 알 수 있었지요.

생물만이 아닙니다. 당신이 태어난 초록별 지구도 우주가 150억 년간 진화하는 과정에서 46억 년 전에 태어났고 그 뒤로 끊임없이 진화해 왔습니다. 그러니까 온갖 생물들의 모습과 마찬가지로 우리가 보는 지구의 모습도 결코 영원한 것은 아닙니다. 지구의 미래란 어떤 것일까요?

진화론과 생물학도 진화해 왔습니다. 다윈의 생각을 발전시키기도 하고 또 아주 다른 발상을 감행하기도 하면서 인류에게 새로운 느낌과 비전을 선사해 왔습니다. 21세기에는 또 다른 생물학이 태어나 제 삶을 살아갈 것입니다. 어쩌면 새로운 생물학을 창조할 주인공은 바로 당신일 수도 있습니다. 당신의 미래는 어떤 것일지 상상해 보세요.

진화의 장엄한 강물은 한 번도 멈춘 적이 없고 그 강물 한가운데서 내가 태어나고 당신도 태어났습니다. 지렁이, 말벌, 박테리아, 민들레도 그렇게 태어났습니다. 그토록 소중한 친구들과 함께, 심지어 무생물들과도 함께 자연스레 흘러가세요. 그렇게 흐르다 보면 퍼뜩 알게 될 날이 올지도 모릅니다. 내가 태어난 이유와 내가 살아가는 의미를 말입니다.


책을 다 쓴 지금, 나는 짙푸른 하늘을 바라보며 열망합니다. 한 번도 생각지 못한 눈부신 진화가 발생하기를. 그리하여 세상이 전혀 다른 것으로 변신하기를!

"세상이여, 우주여, 멈추지 말아 다오!"

# 우리는 어떻게 살아야 하는가?

인간은 진화할까요, 진화하지 않을까요? 만일 진화한다면 어떻게 진화하는 게 좋을까요? 상식적인 사람이라면 첫 번째 질문에 쉽게 대답할 수 있습니다. 인간 또한 당연히 진화합니다. 인간이 동물이요, 생물이라는 게 사실이라면 말입니다. 자! 그렇다면 진화한 이후에 우리 인간은 어떻게 될까요? 이에 대한 답 또한 명백합니다. 당연히 멸종해서 이 지구상에 존재하지 않습니다.

우리가 진화한다는 건, 우리가 우리인 채로 있으면서 뭔가 더 근사한 변화들이 덧붙여지는 게 아닙니다. 인간이 진화하면 뭐가 될지는 아무도 모르지만, 만일 진화가 발생했다면 이미 인간은 멸종했을 것입니다. 그러니까 진화한다면 어떻게 진화하는 게 좋겠느냐는 두 번째 질문은 아무런 의미가 없습니다. 그 질문을 던진 우리 인간 종 자체가 미래의 그 시간에 이미 멸종해 이 세상에 존재하지 않을 테니까요.

이 책을 쓰는 저나 읽는 당신 모두 언젠가는 죽습니다. 우리 인간이라는 종도 언젠가 홀연히 생겨났던 것처럼. 언젠가는 소멸합니다. 인간이라는 종이 멸종하는 것이죠. 만일 그렇지 않다면 진화론이 틀린 겁니다. 세상 만물은 과거 어느 시점 이전에는 없었고, 미래의 어느 시점 이후에는 없을 것입니다. 이 세상에 영원한 건 없으며, 어떤 새로운 존재도 생겨날 수 있습니다. 이것이 진화론의 깨달음입니다. 진화의 과정에서 끊임없이 새로운 것이 생겨나고 이전의 것들은 사라져 갑니다. 물이 끊임없이 흘러가며 변해 가는 게 기쁨도 아니고 슬픔도 아니듯이, 태어난 모든 것이 사라져 간다는 것 또한 그렇게 자연스러운 일일 뿐입니다.

우리가 죽은 다음에 무엇이 되는지는 아무도 알지 못합니다. 한 가지 분명한 건 죽음 이후에 우리 자신은 존재하지 않는다는 사실입니다. 물론 우리가 죽는 순간 갑자기 없어지지는 않죠. 시체로 조금 더 존재하긴 하니까요. 하지만 얼마 지나지 않아 우리를 이루던 세포들이 파괴되고, 그 세포들을 이루던 원소들은 다른 형태로 변화될 것입니다. 결국 '나'라는 사람은 존재하지 않게 됩니다. 그러니까 설령 여러 종교에서 말하는 극락이나 천당, 지옥 같은 게 있다 해도, 거기에 존재하는 건 '나'가 아닙니다.

이 책이 출간된 지 5년이 지났습니다. 그 사이에 저는 장장 920쪽이나 되는 '큰 책' 『종의 기원, 생명의 다양성과 인간 소멸의 자연학』(그린비)을 한 권 더 썼습니다. 그리고 이 두 책 덕분에 사람들과 다윈의 진화론에 대해 이야기 나눌 기회가 많아졌습니다.

그런데, 여러분! 제가 쓴 책을 읽고 독자들로부터 제일 많이 받은 질문이 뭔지 아세요? 놀랍게도 "만일 진화론이 맞는다면 저는 어떻게 살아야 하나요?"였어요.

"만일 진화론이 옳다면 우리 인간은 비천한 동물의 후손이니까 고상한 도덕을 위해 노력할 필요가 없지 않습니까? 그저 짐승처럼 제 먹을 것만 밝히며 약육강식의 세계에서 생존해 나가면 그뿐 아닌가요? 내세에 착한 사람이 보상을 받지도 않고 나쁜 사람이 무시무시한 처벌을 받지도 않는다면, 누가 이 세상에서 선하게 살겠습니까? 우리는 아무 의미 없이 한세상 살다 가는 그런 존재일까요? 설령 그게 진실이라 해도 자라나는 청소년들에게는 너무 해로운 진실이 아닐까요?"

　얘길 들어 보니 어떤 생각이 드시나요? 사실 일리가 있는 얘기입니다. 진화론은 나도, 당신도, 인간도, 생물도, 무생물도 모두 영원하지 않다고 이야기합니다. 그러니까 우리가 죽은 뒤에는 어떤 보상도, 징벌도 없습니다. 선하게 살았다고 해서 상을 받는 것도 아니고, 악한 행동을 했다고 해서 처벌을 받지도 않습니다. 보상이나 처벌을 받을 '나'가 이미 존재하지 않기 때문입니다. 자! 만일 우리의 삶이 이렇다면 여러분은 어떻게 살고 싶으신가요?

　죽은 후에 보상을 받기 위해, 무시무시한 처벌을 당하지 않기 위해 하루하루를 살 수도 있을 겁니다. 죽음 이후의 세상을 믿고 그에 따라 살아가는 것은 자신의 자유입니다. 그러나 우리에게는 다른 삶도 얼마든지 가능합니다. 한 가지 예를 들어 볼까요? 여러분이 좋아하는 가수나 운동선수가 있다면 아무나 떠올려 보세요. 여러 명을 떠올려도 좋습니다. 아마도 그 가수나 선수는 자신의 일을 열심히 하고 또 꽤 잘하는 사람일 겁니다. 그러니까 당신을 매혹시켰겠지요. 그들은 노력한 결과 보상을 받기도 하고 혹은 비난을 받거나 인기를 잃기도 할 겁니다.
　그렇지만 보상이 없고 처벌이 없다고 해서 여러분이 좋아하는 가수나 운동선수들이 일부러 나쁜 음악을 하고 또 형편없는 플레이만 골라서 할까요? 혹은 조금 연습하다가 귀찮으면 그만두고 뭐 그런 생활을 반복할까요? 보상과 징벌이 자극이 되는 건 사실입니다. 하지만 최고의 보상을 준다고 해서 반드시 최고의 연주나 플레이가 나오지는 않지요. 보상을 받지 못해도 훌륭한 작품을 남긴 예술가들을 우리는 적잖이 기억하고 있습니다. 마찬가지로 최고의 연봉을 받는 스포츠 팀이 곧 최고의 팀인 것도 아닙니다.

인생에서 보상과 징벌을 최고로 중시하는 사람들은 아주 중요한 사실을 놓치고 있습니다. 좋은 연주나 환상적인 플레이를 펼치는 게, 또 그런 걸 감상하는 일이 얼마나 멋진지를, 더 높은 경지를 위해 노력하는 힘든 과정이 또한 얼마나 흥분되고 재미있는지를. 한번 매혹되면 그 누가 말려도 결코 멈출 수 없는 흐름! 예술과 스포츠만 그런 게 아닙니다. 세상에는 보상이 적더라도, 심지어 처벌을 당하더라도 계속 더 열정을 분출하게 하는 일들이 많이 있습니다. 그러니까 기부에 중독되어 대출까지 받아 기부를 하는 가수도 있고, 보상은커녕 처벌을 당하면서까지 민주화와 평화를 위해 싸우는 시인과 신부도 있는 겁니다.


죽은 후 우리는 존재하지 않습니다. 따라서 되는대로 막 살아도 좋습니다. 남을 도우면 상을 받을 것이고 남을 해치면 벌을 받겠지만,

그건 현세의 당신이 받는 것이지 죽은 후의 당신이 받는 게 아닙니다. 반면 우리는 죽음 이후에 얽매이지 않고 이 세상에서 내가 진정하고 싶은 것을 맘껏 하며 살 수도 있습니다. 이렇게 살든 저렇게 살든 당신의 자유입니다. 그렇기 때문에 같은 음악가나 같은 운동선수라도 인생은 저마다 전혀 다른 거겠죠. 스스로 사후의 보상과 징벌에 구속되지 않는 한, 이 광활한 우주에서 우리는 자유입니다. 자유로운 존재로서 당신은 어떤 삶을 살고 싶습니까?

보상과 징벌을 중시하는 사람들은 이렇게 묻습니다. 우리는 삶을 어떻게 살아야 하는가? 어떻게 살아야 징벌을 피하고 더 큰 보상을 받을 수 있는가? 반대로, 내가 삶을 마친 이후에 어떤 보상도 없고 징벌도 없다고 생각하는 사람들은 전혀 다르게 묻습니다. 나는 뭘 하고 싶은가? 어떻게 살 때 나는 기쁘고 행복한가? 여러분은 어떻게 묻고 싶으신가요?


인간은 어디에서 왔는가?
우리는 죽은 후 어디로 가는가?
우리는 어떻게 살아야 하는가?


이것은 인류가 생겨난 이래로 묻고 또 물었던 근원적 질문입니다.

그중 소수의 현자들은 나름의 해답을 얻기도 했지요. 19세기에 살았던 다윈도 그런 현자 중 한 명이었습니다. 저는 그의 진화론을 통해서 쉽고도 자연스러운 답을 얻게 되었습니다. 제가 얻은 답을 하나씩 말씀드릴게요.

인간은 어디에서 왔는가?

우리는 비천한 동물들로부터, 동식물의 공동 조상으로부터 왔습니다. 아득히 멀리로는 결국 무생물로부터 왔습니다. 영원히 이어져 온 우주의 춤 속에서 나도, 당신도 태어났습니다.

우리는 죽은 후 어디로 가는가?

우리는 어디로 가지 않습니다. 잠시 동안은 시체로 살아가겠지만, 결국 우리를 이루던 세포들은 모두 해체되어 지금 우리와는 전혀 다른 물질들로 바뀌어 버립니다. 그 물질들은 주변 환경과 새로운 관계를 맺으며 또 새로운 생을 살아갈 것입니다. 그 생이 어떤 것이든, 우리의 것은 아닙니다.

그렇다면 우리는 어떻게 살아야 하는가?

어떻게 살아야 한다는 그런 명령이나 지침은 없습니다. 어떻게 살든 내가 죽은 이후에 징벌이나 보상을 받지는 않습니다. 보상에 눈멀거나 징벌에 두려워할 필요가 없습니다. 우리는 자유로운 존재입니다. 이 우주의 온전히 자유로운 존재로서 나는 다른 질문을 던질 수 있습니다. 나는 무엇을 하고 싶은가? 어떻게 살고 싶은가? 이렇게 묻고 그걸 하고 또 묻고 또 해 나갈 뿐입니다. 그것이 바로 나이며 그런 내가 사라지는 순간, 나는 존재하지 않습니다.

생물만 그런 것이 아닙니다. 무생물이라 불리는 물질들도 그러합니다. 저마다 하고 싶은 대로 합니다. 만일 물질들이 처음 생겨났을 때부터 하나의 동일한 법칙에 따랐다면 우주에는 어떤 변화도, 어떤 사건도 일어나지 않았을 겁니다. 어떤 근사한 변화도 없는 영원한 죽음! 그뿐이었을 겁니다.

하지만 우주의 실상은 그렇지 않았습니다. 우주의 물질들은 죽은 것도, 기절한 것도 아니었습니다. 법칙의 지배를 받는 노예들도 아니었습니다. 제멋대로 활발하게 움직이며 다양한 짓들을 벌였습니다. 계속해서 서로 달라졌습니다. 우리 인간들도 각자 하고 싶은 대로 하면 대단히 다양한 모습이 출현하지 않습니까. 물질들의 우주 또한 그러했습니다. 물질들은 계속 변화하였고 그러면서 우주의 다양성은 상상할 수 없을 정도로 증가해 왔습니다.

한순간도 멈추지 않는 우주의 영원한 진화. 그 속에서 무수한 은하들도, 태양계도, 지구도, 마침내 생명도 태어났습니다. 물질들이, 무생물들이 다양하게 변화를 거듭하여 마침내 생명체의 진화에까지 이른 것입니다.

이 세상 어떤 법칙도 물질과 생명을 고정시킬 수 없습니다. 그러므로 영원한 것은 없습니다. 물질이건, 생명이건, 생겨난 모든 것은 다양하게 활동하며 반드시 사멸합니다. 그렇기 때문에 우주는 무한히 다양하게 진화해 왔습니다. 이것이 진화론이 펼쳐 보이는, 영원한 다양성의 우주입니다. 이 광대무변한 우주에서 어떻게 살아갈지는 전적으로 자유입니다. 쥐든, 소나무든, 돌멩이든, 혹은 바람이든 불이든, 모두가 자유롭습니다. 우주에 영원한 것은 없습니다. 우주는 영원히 새롭게, 무한히 다양하게 진화합니다.

## ● 다윈이 쓴 책

### 나의 삶은 서서히 진화해 왔다

찰스 다윈 지음 | 이한중 옮김 | 갈라파고스 | 2003

다윈이 손자손녀들에게 들려주기 위해 쓴 책입니다. 위대한 과학자의 일생에는 어떤 특별한 일들이 있었는지 알아보세요. 덤으로 다윈이 얼마나 자상하고 친절한 사람인지도 알 수 있어요.

### 인간의 유래 1, 2

찰스 다윈 지음 | 김관선 옮김 | 한길사 | 2006

다윈은 『종의 기원』에서 인간이 하등동물의 후손이라는 주장을 겉으로 드러내지 않았어요. 그런 얘기는 사람들이 너무나 싫어하고 두려워해서 함부로 밝힐 수 없기 때문이죠. 『종의 기원』이 출간된 지 10년 이상 지나자 많은 사람들이 진화론이 옳다는 걸 알게 되었어요. 그래서 다윈은 인간의 혈통을 정면으로 다룬 『인간의 유래』를 공식 출판했어요. 당시 사람들이 이 책을 읽으며 어떤 표정을 지었을지 상상하며 읽어 보세요.

### 인간과 동물의 감정 표현에 대하여

찰스 다윈 지음 | 최원재 옮김 | 서해문집 | 1998

다윈이 사람들의 표정과 동물들의 표정을 비교하여 쓴 책입니다. 괴로울 때나 기쁠 때, 부끄러울 때나 깊이 생각할 때, 인간의 표정과 행동은 동물과 얼마나 다를까요? 다윈은 이 책에서 인간과 동물 사이에는 근본적인 차이가 없다고 주장합니다. 여러분은 어떻게 생각하세요? 동물원에 가게 되면 잘 관찰해 보세요.

## ● 진화와 생물학에 대한 책

### 그림으로 보는 찰스 다윈의 비글호 항해기

장순근 지음 | 가람기획 | 2003

다윈의 『비글호 항해기』 중에서 흥미로운 자연현상들만을 골라 재미있게 이야기해 주는 책입니다. 귀중한 사진과 그림도 많이 들어 있어서 『비글호 항해기』보다 먼저 읽으면 좋을 거예요.

## 식물의 사생활

데이비드 아텐보로 지음 | 과학세대 옮김 | 까치 | 1995

땅에 뿌리박고 조용히 살아가는 식물들. 그들은 아무런 생각도 없고 특별한 행동도 하지 않는 듯 보입니다.
그런데 이 책을 보면 식물들이 얼마나 적극적이고 활동적이며 다양한 세계를 만들어 내는지 알게 됩니다.
식물들이 펼치는 환상적인 세계 속으로 여러분도 들어와 보세요. 안타깝게도 지금은 절판되었으니 도서관
이나 고서점에서 찾아야 해요.

## 생명이란 무엇인가

린 마굴리스·도리언 세이건 지음 | 황현숙 옮김 | 지호 | 1999

마굴리스는 모든 생물은 경쟁보다는 협력과 공생을 통해 진화한다고 주장한 사람입니다. 이 책은 그녀의
아들인 도리언과 함께 썼는데, 지구의 탄생부터 현재에 이르는 46억 년의 역사를 환상적으로 보여 줍니다.
박테리아에 대해, 세포의 진화에 대해 아주 새로운 느낌과 생각이 들어 있어요.

## 찰스 다윈

시릴 아이돈 지음 | 김보영 옮김 | 에코리브르 | 2004

다윈의 일생에 대해 알 수 있는 재미있는 책입니다.

## 생명의 느낌

이블린 폭스 켈러 지음 | 김재희 옮김 | 양문 | 2001

튀는 유전자를 연구한 매클린톡의 삶과 과학적 업적을 그린 감동적인 책입니다. 평생을 옥수수와 함께 산
할머니의 삶을 읽다 보면 여러분도 과학자가 되고 싶을 거예요

## 진화

칼 짐머 지음 | 이창희 옮김 | 세종서적 | 2004

다윈부터 현대생물학에 이르기까지 진화에 관련된 많은 이야기들이 들어 있어요. 생생한 사진들을 보는 것
도 커다란 즐거움입니다. 진화에 대해 더 알고 싶은 친구들은 꼭 읽어 보길 바랍니다.

## 공생, 그 아름다운 공존

톰 웨이크퍼드 지음 | 전방욱 옮김 | 해나무 | 2004

미생물을 보신 적 있나요? 이 책은 미생물이야말로 지구의 진화를 이끌어 온 주인공이라고 말합니다. 그들
이 만든 세상이 얼마나 힘차고 아름답고 건강한지 꼭 느껴 보세요.

## 생명의 나무

피터 시스 글 그림 | 안인희 옮김 | 주니어김영사 | 2005

피터 시스라는 아주 유명한 그림책 작가가 짓고 그린 그림책입니다. 간결한 글과 섬세하고도 유머러스한
그림이 어우러진 아름다운 책입니다.

그림을 그린 **강전희** 선생님은

부산대학교에서 디자인을 공부했습니다. 애정 가진 곳이 아주 많아 여러 가지를 살펴보고 그림으로 그리느라 바쁜 그림 작가입니다. 지은 책으로는 『한이네 동네 이야기』, 『한이네 시장 이야기』가 있으며 『춘악이』, 『마주 보는 세계사 교실』, 『탐구한다는 것』 등에 그림을 그렸습니다.

사진 제공

Darwin Online, Wikimedia Commons(Alex Valavanis, Andrew Butko, Hamachidori, Juan lacruz, Michael David Hill, Mr.checker, Patche99z, Salimfadhley, Ragesoss)


**너머학교 고전교실 02**

## 종의 기원 모든 생물의 자유를 선언하다

2012년 8월 20일 개정판 1쇄 발행
2026년 1월 10일 개정판 11쇄 발행

| | |
|---|---|
| 지은이 | 박성관 |
| 그린이 | 강전희 |
| 펴낸이 | 김상미, 이재민 |
| 편집 | 김세희 |
| 디자인기획 | 민진기디자인 |
| 종이 | 다올페이퍼 |
| 인쇄 | 청아디앤피 |
| 제본 | 우성제본 |
| 펴낸곳 | 너머학교 |
| 주소 | 서울시 서대문구 증가로20길 3-12 |
| 전화 | 02)336-5131, 335-3366, 팩스 02)335-5848 |
| 등록번호 | 제313-2009-234호 |

ⓒ 박성관, 2012





ISBN 978-89-94407-16-6 44470
ISBN 978-89-94407-30-2 44000(세트)

www.nermerbooks.com


너머북스와 너머학교는 좋은 서가와 학교를 꿈꾸는 출판사입니다.